THE PHYSICS OF ELECTRON STORAGE RINGS AN INTRODUCTION

전자 가속기 물리학

MATTHEW SANDS 저
김은산 역

북스힐

역자 서문

가속기 학도 및 연구자에게 가장 매력 있고 기본이 되는 과목을 하나 꼽으라면 많은 사람들은 가속기 물리학을 꼽을 것이다. 이러한 현상은 가속기 물리학이 그만큼 매력적이면서도 고전역학, 양자역학 및 전자기학을 바탕으로 하는 융합 과목이라는 것을 반증하는 것이다. 국내에는 한글판 가속기 물리학 교재 및 번역서는 아직 없는 상황이다. M. Sands가 지은 “THE PHYSICS OF ELECTRON STORAGE RINGS(SLAC - 121, UC - 28 (ACC))”는 세계적으로 많은 연구소 및 대학에서 가속기 물리학의 기본서로 오랫동안 사용되어 온 유명한 일종의 교과서의 역할을 해온 것이 틀림없다. 그러나 이 책의 내용을 피상적으로 공부하는데서 그친다면 아무 유익이 없을 것이다. 이 책에 있는 내용을 있는 그대로 외우고 받아들이는 것이 아니라, 자기 자신이 소화하는 과정을 거쳐 주기를 바라는 바이다. 그것을 위한 하나의 기준으로 이 번역서가 활용되기를 역자는 바란다. 가속기 물리학의 기틀은 대략 1970년대에 태동되었으며 현재까지도 지속적으로 다져지고 있다. 이 책은 역자가 수년간 대학교에서 강의한 내용이기도 한다. 또한 수업 참여 및 교정을 위해 애쓴 고려대학교 가속기과학과 대학원생에도 심심한 감사를 표하고 싶다.

2018년 7월

고려대학교 대학원 가속기과학과 교수

김 은산

저자 서문

이 교과서는 1969년 6월 Scuola Internazionale di Fisica "E. Fermi" (Varenna)에서 주어진 일련의 강연들에 기반을 두고 있다. 저자는 이 스쿨에서 강연을 하도록 초청을 한 Bruno Touschek 교수 및 the Societa Italiana di Fisica 에게 큰 감사를 드립니다. 이 강연들은 미국 원자력 위원회에 의해 지원되는 스탠포드 선형가속기 연구소에서 저자가 근무를 하는 동안 준비된 자료에 기초를 두고 있다.

많은 동료들은 현재 본 교과서에서 기술된 전자 저장링들의 물리학을 연구하는 방식들의 개발을 위해 기여를 해왔으며 저자는 특히 Fernando Amman, Henri Bruck, Bernard Gittelman, Pierre Marin, Claudio Pellegrini, John Rees, Burton Richter, David Ritson, and Bruno Touschek 들과의 논의들로부터 도움을 많이 받았다.

저자는 특히 몇 차례 방문동안 친절한 환대와 지적인 자극을 제공한 ADONE 프로젝트의 연구원과 국립 연구소 Frascati에 감사를 드린다.

목 차

Chapter 01 개 요 • 1

Chapter 02 베타트론 진동 • 17

CHAPTER

01 개요

1.1 | 서문

전자 저장링들의 시대가 왔다. Adone의 성공적인 운전으로 말미암아 고에너지 물리 실험은 이제 1 GeV 이상의 에너지를 가진 전자와 양전자의 충돌 빔을 이용해서 시작될 것이다. 스탠포드, 프라스카티, 노보시비르스크, 오르세이에서는 선구적인 장치들을 활용해서 저 에너지에서 시작된 저장링 연구 영역을 확대하였다. 노보시비르스크, 캠브리지, 함부르그 및 스탠포드에서 진행중인 프로젝트들은 훨씬 더 높은 에너지에서 전자 충돌빔을 곧 제공할 것이다. 더 많은 수의 연구원들이 이러한 저장링 기속기들을 활용하여 입자 물리학의 연구를 수행하게 될 것이다. 저장링을 사용하게 될 많은 물리학자들은 실제로 저장링의 설계 및 건설에는 참여하지는 않을 것이고, 초기에는 가속기에 관한 지식을 가지지는 않을 것이다. 따라서, 이 교과서의 목적은 그러한 물리학자들에게 전자 저장링의 특성을 결정하는 기본적인 물리 과정에 대한 검토를 제공하고자 하는 것이다 - 입자 물리학 연구를 위한 도구로써 저장링의 성능에 대한 특별한 관심으로. 이 목적 때문에 본 교과서는 일반적으로 저장링 설계에 관심이 있는 사람들에게 가장 간편하게 될 수 있는 형태로는 작성되어 있지 않다. 오히려 물리학자에게 가속기 본래의 특성에 이해를 주려는 형태로 작성되었다 - 특히 가속기의 탐구에 영향을 미칠 수 있는 것들 - 그리고 가속기 장치들의 기본 한계와 궁극적인 성능에 대해서 어떤 감을 주기위한 것이다.

이 개요의 나머지 부분에서는 빔 휘도를 결정하는 요소에 대한 논의를 포함해서, 충돌 빔 저장링에서 중요한 역할을 하는 기본 현상들의 각각에 대한 정량적인 설명을 준다. 첫 번째 부분은 기존 저장링들의 운영 경험과 새로운 저장링을 위한 프로젝트를 설명하고 있는 다른 교과서에 있는 기초사항과 용어를 제공하기 위한 것이다. 나머지 부분에서는 저장링의 성능에 궁극적인 한계를 결정하는 기본적인 단입자 과정에 대한 이론을 자세히 고려 할것이다. 고강도 링들에서 실제적으로 많은 어려움을 가져온 중요한 집단적 영향에 대한 논의는 여기서는 포함하고 있지 않지만, Pellegrini의 교과서에서는 찾을 수 있다. 마지막으로, 고 에너지링의 성능 한계에 대한 논의로 되돌아가서 그 결과를 실제의 예인 −2−3 GeV 링의 새로운 가속기인 스탠포드 설계에 적용하기로 한다.

1.2 | 기본 과정들

저장된 전자빔의 생성시 주요한 역할을 하는 기본 과정들에 대한 간략한 정량적인 설명으로 시작하자. (그림 1.1을 보시오)

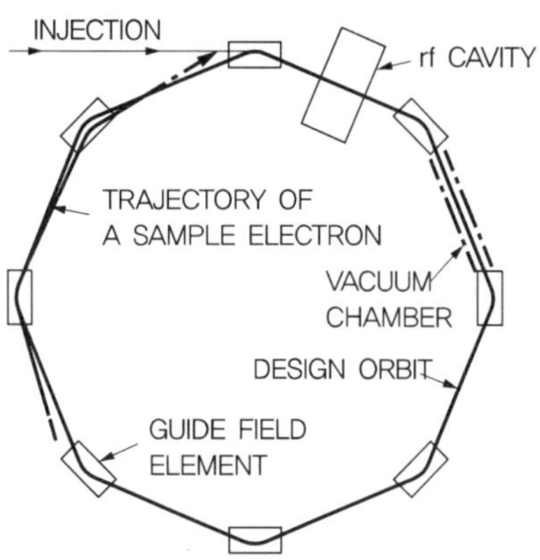

그림 1.1 전자 저장링의 개략도

- 전자 빔의 한 짧은 펄스가 다소간 원형의 자기장으로 구성된 진공 챔버에 입사된다. 자기장은 저장된 빔을 만들기 위해 다소간의 폐궤도 주위로 전자들을 이끈다.
- 자기장은 모든 전자를 이상적인 설계 궤도로 유도하고 이상적인 폐경로 주위로 횡 방향 (지름 및 수직) 베타트론 진동들을 하게 하는 집속 특성들을 가지고 있다.

- 저장링에서 매 회전 전자는 싱크로트론 방사에 의해 에너지의 일부를 잃는다. 저장된 전자의 경우, 고주파 공동(또는 함께 작용하는 여러 개의 공동)으로부터 에너지 손실에 상응하는 에너지를 보충받게 된다.
- 주기적인 가속장은 전자들을 순회하는 번치내로 모으며, 번치내 각각의 전자들은 번치의 중심에 있는 이상적인 기준 입자에 상대적으로 종방향 위치 및 에너지 운동에서 진동한다. 종 방향 위치 및 에너지 관련 운동을 싱크로트론 진동이라 불리운다.
- 고주파 공동으로부터 에너지 이득과 함께 싱크로트론 방사에 의한 에너지 손실은 모든 진동 진폭에서 느린 방사 감쇠를 야기한다 : 각 전자의 궤적은 번치의 중심에 있는 (설계 궤도를 따라 일정한 속도로 움직이으로) 이상적인 기준 입자의 궤적를 향하게 된다
- 방사 감쇠는 위상 밀도를 보존하지 않으므로 동일한 이상적인 궤도의 근처로 연속적으로 많은 펄스를 입사해서 낮은 소스들로 부터 높은 순회 전류를 얻을 수 있게 한다 (예로써, 양전자 빔이 있다.)
- 모든 진동 진폭들의 감쇠는 전자 에너지에서 "잡음"에 의한 진동의 연속적인 여기 때문에 효과적으로 진행된다. 이는 싱크로트론 방사는 불연속적인 에너지의 광자로 방출되는 사실로부터 발생한다 - 소위 에너지 손실의 양자 변동들.
- 정상 상태에서 양자 여기와 방사 감쇠 사이에 균형이 이루어져 번치내에서 진동 진폭과 위상에서 통계적으로 정상 분포를 이끈다. 그때, 번치는 정상상태의 "크기" 및 "형태"로 갖는 리본의 조각 양상을 취하며 횡방향 및 종방향 좌표 각각에서 가우스 분포를 갖는다 (그림 1.2 참조). (자기장의 집속 특성이 위치에 따라 다

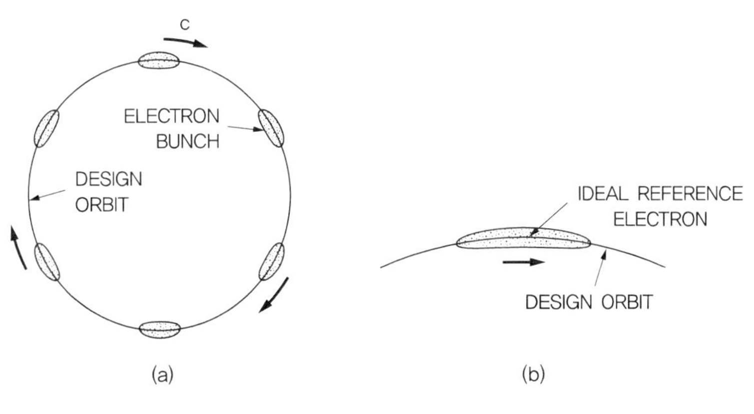

그림 1.2 저장된 빔에서 순회하는 번치들

르므로 번치 모양은 각 방위각 위치에서 다르게 된다. 하지만 정상 상태에서 번치는 어떤 선택된 방위각의 연속적인 횡단에서 동일한 모양을 갖는다.)

- 전자의 각 좌표에 대해서, 전자가 더 이상 번치 내에 속박되지 않는 최대 진동 진폭이 존재한다. 각 좌표에서 안정한 진폭의 범위를 "구경"으로써 언급 할것이다. 어떤 교란이 어떤 좌표에서 대응하는 구경 한계 너머로 진폭을 증가시킬때 전자는 번치내에서 손실된다. 각 좌표에 대한 구경 한계는 전자를 잃게하는 물리적인 장애물 또는 이상적인 기준 전자로부터 큰 변위에 대해 속박되지 않는 궤적으로 이끄는 집속력들에서의 비선형 영향에 의해 설정될 수 있다.
- 전자들은 진공 챔버 내의 잔류 가스의 분자와의 충돌에서 산란 또는 에너지 손실에 의해 잃어버리거나 또는 진동 진폭의 양자 여기에서 큰 통계적 변동에 의해 잃어버릴 수 있다.

위에서 고려한 기본 과정들은 저장된 전자빔의 고유 특성에 미치는 단입자 영향들이다. 지금까지 번치를 저장링에서 홀로 존재하는 것처럼 움직이는 비 상호작용 전자들의 집합체로 고려해왔다. 하지만 실제로 전자 수명은 그렇게 간단히 결정되지 않는다.

1.3 | 집단 영향들

저장링내에 순회하고있는 번치내에서 전자들의 수가 충분히 많으면(전형적으로, 10^9 이상) 번치내 전자들 간 또는 번치 사이의 상호 작용이 중요해지며 실제로 모든 전자 저장링에서 중대한 문제로 되고 있다. 이제 가장 중요한 집단 영향들의 간략한 목록을 살펴보자.

- Ada 또는 Touschek 영향. 번치내에서 진동하는 두 개의 전자는 쿨롱 산란자가 될 수 있어서, 각 전자의 진동 에너지의 일부를 한 좌표에서 다른 좌표로 옮길 수 있다. 두 번째 좌표에서 새로운 진폭들은 구경 바깥지역에 있을 수 있거나, 번치 크기의 증가로 기여할 수 있다. Touschek 영향은 일반적으로 1 GeV 이하의 저 에너지에서만 중요하다.

- 결맞음 진동. 저장링에서 순회하고 있는 번치에서 각 전자는 진공 챔버에서 전자기장을 생성시켜서 저장된 다른 전자들의 운동에 영향을 미치게 한다. 전자들 사이의 이러한 집단 상호 작용은 불안정한 결맞음 진동으로 가져 올 수 있어서, 번치내의 모든 전자들은 진폭이 시간과 함께 지수 함수적으로 증가하는 집단 모드로 진동한다. 이러한 결맞음 진동은 전자의 횡방향 또는 종방향 운동 중 하나를 포함할 수 있고, 번치 크기의 증가 또는 번치에서 전자들을 잃을 수 있게 한다.
- 번치에서 전자들의 방사장들 간의 보강 간섭은 개별 전자들의 에너지 손실을 증가할 수 있는 결맞음 싱크로트론 방사를 일으킬 수 있다. (이 영향은 현재 운용중인 저장링에서는 중요하지는 않다.)

전자 저장링에서 요구되는 높은 전류 밀도를 얻기 위해서 일반적으로 결맞음 불안정성이 억제되거나 제어되는 것이 필요하다. 그때, 나머지 집단 영향들은 (본질적으로 비 집단적인) 번치 크기들을 결정할 때 앞서서 논의된 단입자 영향들과 결합한다. (아직 이해가 되지 않는 많은 저장링에서 관찰된 별난 번치 길이 늘어남 영향은 이미 설명한 과정들 중 하나 또는 다른 관점에서 궁극적으로는 설명될 것이라고 가정하고 있다.)

고전류의 저장빔을 생성하는 방법을 배웠다면, 충돌하는 두 빔을 준비하고 배치하는 일이 남아있다. 이 외에도, 불행하게도, 새로운 문제들이 이때 발생한다.

1.4 | 두 빔 영향들

두 빔의 궤도들을 교차하도록, 그리고, 각 빔의 번치들이 충돌점에 동시에 도달하도록 배치함으로써, 두 저장된 빔들은 충돌하게 될때 전자 운동들은 두 빔 영향들에 의해 교란된다.

- 빔 1내의 한 전자가 교차영역을 통과할 때, 이 전자는 빔 2에 의해 설정된 강한 전자기장을 감지한다. 이런 거시적인 장은 빔 1내의 전자들의 단입자 궤도들을 교란시키며, 충분히 큰 전류 밀도에서 횡 방향 진동 진폭의 비 집단적인 증가로 빔 1의 크기를 증가시키는 연(soft) 불안정성을 유발할 수 있다. 이것은 일반적으로

전자 저장링들에서 얻을 수 있는 고에너지 상호 작용율에 궁극적인 한계를 설정 해 주는 영향이다.

- 두 빔들 사이의 힘들은 두 빔의 결맞음 진동 모드를 결합시키고 두 빔 시스템에서 불안정한 모드를 생성할 수 있다. 성공적인 충돌 빔 운전이 이루어진다면 이러한 집단적인 진동은 억제되어야 한다.
- 충돌하는 빔들에서 입자들의 쌍 사이에 근접한 충돌들은 산란 또는 에너지 손실을 일으킬 수 있으며 결과적으로 번치에서 입자를 손실하거나 진동 진폭의 증가를 가져온다. 물론 이러한 영향들은 받아 들일 수 있다. 이러한 영향들은 결국 저장링에서 발생되는 충돌 과정들이다.
- 저장된 빔의 궤적들은 상대방 빔과 정면 또는 작은 충돌각으로 충돌되도록 배치될 수 있다. 충돌각의 크기는 입자-입자 충돌 구역의 크기와 거시적인 빔-빔 상호 작용의 강도 세기 모두에 영향을 미친다. 그러므로 충돌각도는 저장링의 성능에 중요한 역할을 한다.

1.5 | 휘 도

저장링에서 입자의 에너지가 주어진 경우, 그 다음에 중요한 매개 변수는 휘도이다. 이 휘도는 단위 단면적에서 과정의 충돌 횟수로 정의된다. 저장링의 휘도를 결정하는 요소들에 대한 간략한 논의로 이 단원을 마칠 것이다. 이런 내용들은 본 교과서에서 다음 절들을 위한 기초로 사용되며 또한 운용중인 링 또는 계획된 링들의 설계 경험을 논의하는 다른 교과서들을 위한 기초자료로 사용되기를 바란다. 두 개의 충돌빔내의 입자들의 충돌에서 발생할 수 있는 특정 과정을 고려하자. (원한다면 과정의 정의에, 특정 입자들이 특정 계측기들에서 검출되는 요구를 포함시킬 수 있다.) σ를 과정의 단면적으로, R을 특별한 교차 지역에서 발생하는 과정의 충돌율이라고 하면 휘도 $\mathcal{L}$는 다음과 같이 정의된다.

$$R = \mathcal{L}\,\sigma \tag{1.1}$$

(두 빔들이 링의 한 지점 이상에서 충돌하는 경우, 여기서 정의된 휘도는 충돌점들 중

한 지점에서의 충돌횟수를 나타낸다.)

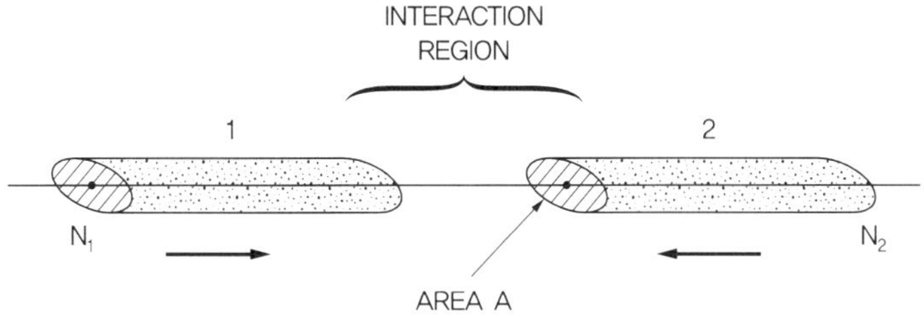

그림 1.3 두 번치의 정면충돌

휘도가 저장된 빔들의 특성과 어떻게 관련되어 있는지를 살펴보자. 먼저 각 빔이 하나의 번치만 포함하고 이 번치들이 충돌지점에서 정면충돌을 하는 가장 간단한 상황을 고려하자. (그림 1.3을 보아라)
번치에서 총 입자 수는 두 빔들에서 다를 수 있다 - 한 빔에서는 N_1이고 다른 빔에서는 N_2. 한 번치가 횡단면 A를 가진 리본 모양의 물체이고 내부에 균일한 밀도의 입자가 있다고 가정하자. (직사각형 횡단면의 경우 면적 A는 폭 w와 높이 h의 곱이다.) 번치가 회전 진동수 f로 링 주위를 순회한다고 하자. 빔 1내의 한 입자가 빔 2의 번치를 통과할 때, 단위 단면적의 충돌 확률은 N_2/A이다. 빔 1에는 N_1 입자가 있고 주파수 f에서 번치들이 충돌하므로, 상호 작용 영역에서 휘도는 아래와 같다.

$$\mathcal{L} = \frac{N_1 N_2 f}{A} \tag{1.2}$$

여기서 사용한 번치 모델은 너무 단순화 되었다. 앞서 설명했듯이, 번치는 각 좌표에서 입자 밀도의 가우시안 분포를 갖는것으로 예상한다 - 리본의 횡단면은 퍼지 타원이다. w와 h가 번치에서 수평 및 수직 밀도 분포의 폭과 높이를 나타낸다고 가정하자. 이러한 크기에서 분포들의 제곱 평균 제곱근의 두배를 언급하고 싶다. 이때 번치의 "면적"을 다음과 같이 정의할 수 있다.

$$A = \frac{\pi wh}{4} \tag{1.3}$$

그러나, 휘도는 두 번치들의 이차원 밀도 분포의 중첩 적분으로 얻어지므로 이 면적은 식 (1.2)에 직접적으로 사용될 수 없다. 이 적분은 1/4 인자를 주므로 실제 (가우시안) 번치의 경우에 대해서는 다음과 같다.

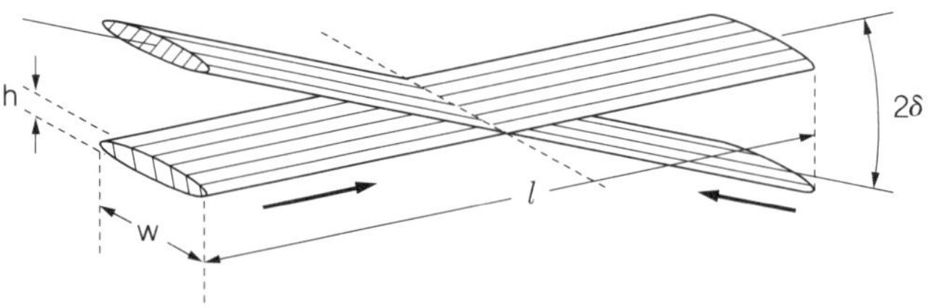

그림 1.4 수직 충돌각도로 충돌하는 번치들

$$\mathcal{L} = \frac{1}{4}\frac{N_1 N_2 f}{A} \tag{1.4}$$

A는 식 (1.3)에서 정의된 면적이다.

다음으로 충돌각도의 영향을 고려하자. 번치들의 궤적이 그림 1.4에 개략적으로 나타난것 같이 "수직방향" 충돌각도를 가지고 충돌한다고 가정하자. 이제 한 빔내의 한 입자가 두 번째 빔의 번치를 가로지르는 경우, 그 입자가 갖는 평균 횡방향 밀도는 - 상호작용 확률 - 상대편 번치의 투영 면적에 의존한다. 식 (1.2)의 면적은 유효 투영 높이와 빔 폭 w의 곱인 정적인 투영 면적으로 단순히 대체되어야 한다. 리본의 수직 두께가 투영 높이보다 훨씬 작다고 가정하자 ; 후자는 빔 길이 l과 충돌각 2δ의 곱이 된다. 그러나 두 번치들의 상대적인 운동이 고려되어야 하며 이때 적절한 투영 높이는 번치 길이와 충돌각의 곱의 절반이 된다는 것을 확인할 수 있다. 따라서 이상적인 리본과 같은 빔의 경우 식 (1.2)의 A계산에서 유효높이 $h_{eff} = l\delta$를 취해야 한다.

이제 3차원 방향에서 번치내 입자의 가우시안 밀도 분포를 고려한다면 (종축 방향의 분산의 2배를 나타내기 위해 l을 사용해서) 그리고 일반적으로 빔 두께와 충돌각 모두가 충돌점에서 나타내어지는 투영높이에 기여한다는 사실을 고려한다면, 유효 투영 면적을 사용하여 수직방향 충돌각에 대한 휘도는 식 (1.4)에 의해 올바르게 주어진다.

$$A_{eff} = \frac{\pi}{4} w h_{eff} \text{ (수직방향 충돌시)} \tag{1.5}$$

여기서,

$$h_{eff} = (h^2 + l^2\delta^2)^{1/2} \tag{1.6}$$

또한 저장링을 정렬하여 빔들이 그림 1.5에서 개략적으로 보이는 것처럼 "수평방향" 충돌각으로 교차하는 것이 가능하다. 다시 휘도는 면적 A 대신 유효 투영 면적

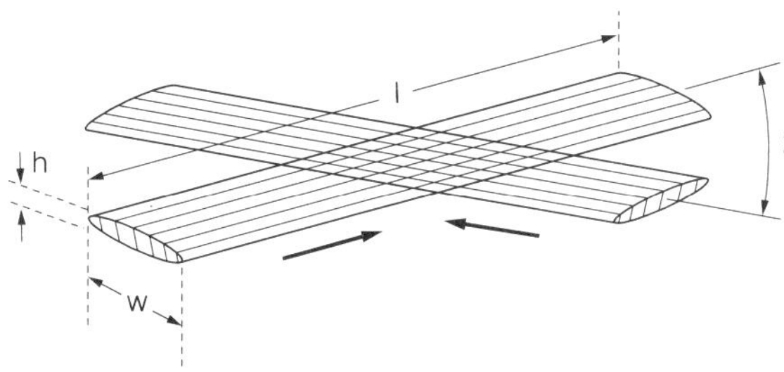

그림 1.5 수평 충돌각도로 충돌하는 번치들

$$A_{eff} = \frac{\pi}{4} w_{eff} h \text{ (수평방향 충돌시)} \tag{1.7}$$

을 사용한다면, 휘도는 식 (1.4)로 주어진다. 여기서,

$$w_{eff} = (w^2 + l^2\delta^2)^{1/2} \tag{1.8}$$

δ는 두 빔 궤적들 사이의 수평각도의 절반이다.

마지막으로 순회하는 빔들이 많은 번치를 포함할 수 있다는 것을 고려해야 한다. 각 빔이 B개의 동일한 번치들로 구성되어 있어서 한 빔의 각 번치가 충돌지점을 횡단하면서 다른 빔의 한 번치와 만난다고 가정하자. 그림 1.6을 보아라. N_1과 N_2는 각 빔에서 총 전자 수여서, 번치 당 전자 수는 한 빔에서는 N_1/B이고 다른 빔에서는 N_2/B이다. 충돌하는 한 쌍의 번치들에 의한 광도에 기여는 $1/B^2$ 만큼 줄어든다. 하지만 B개의 쌍이 또한 기여하므로, 하나의 작용상호 영역에서의 총 광도는 단일 번치 빔들에 비해 $1/B$만큼 감소한다. 광도에 대한 식 (1.4)를 유지하고 빔들의 교차점에서의 "유효 상호 작용 면적"의 정의에 인자 B를 넣음으로써 이 영향을 포함하도록 한다.

이때 일반화된 휘도 공식은 아래와 같다.

$$\mathcal{L} = \frac{f}{4}\frac{N_1 N_2}{A_{int}} \tag{1.9}$$

$$A_{int} = \frac{\pi}{4} B w_{eff} h_{eff} \tag{1.10}$$

여기서 w_{eff}와 h_{eff}는 w와 h를 사용하거나 수직 또는 수평방향 충돌각이 있는지에 따라 식 (1.6) 또는 식 (1.8)의 하나를 사용한다.

때때로 저장링에서 저장된 입자의 수 보다는 전류의 관점에서 저장된 빔의 강도를 특징 지우는것이 편리하다. 빔의 전류 I는 전하가 궤도상의 임의로 선택된 점을 통과

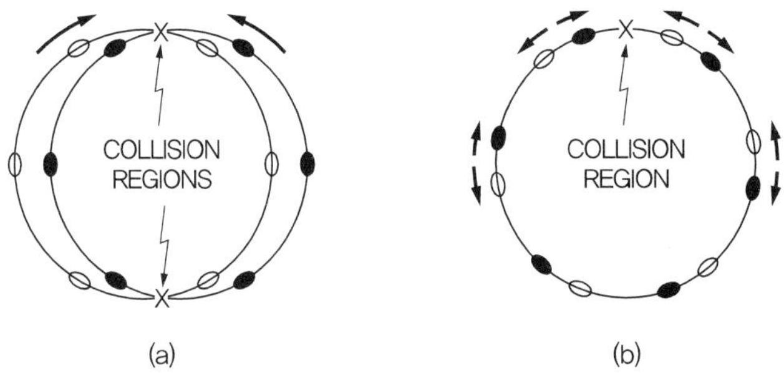

그림 1.6 순회하는 여러 번치들에 대한 빔 충돌 형상

하는 평균률로 정의된다. 이 전류는 다음과 같이 N과 관련이 있다.

$$I = Nef \tag{1.11}$$

e는 전자 전하이다. 빔 전류들의 관점에서 휘도는 다음과 같다.

$$\mathcal{L} = \frac{1}{4e^2 f} \frac{I_1 I_2}{A_{int}} \tag{1.12}$$

이후에서, 저장 된 빔 강도의 척도로서 때때로 "빔 전류"를 막연하게 언급할지라도, 저장된 입자들의 수인 N을 사용하는 것이 더 편리하다는 것을 알게 될 것이다.

1.6 | 빔 밀도 한계

식 (1.9)은 두 개 또는 두 개의 빔 중 하나의 입자 수를 증가시킴으로써 광도를 증가시킬 수 있음을 의미한다. 하지만, 현실적으로는 그렇지 않음을 Amman과 Ritson이 처음으로 지적했다. 빔내의 전자들이 충돌지점을 지나가면서, 전자들의 궤적은 상대편 빔내의 전자들과 집단 상호작용에 의해 발생되는 거시적인 전자기장에 의해 교란된다. 이러한 교란들이 특정 강도에 도달하면 저장된 빔들의 특성에 본질적으로 영향을 미친다. 특히, 이러한 교란은 빔 면적의 급격한 증가와 휘도의 감소를 일으키며, 이는 전류의 추가적인 증가의 영향을 상쇄시킨다. 이 영향은 나중에 상세히 다루어진다. (2.13절); 이제, 저장된 빔의 "유효 횡 방향 입자 밀도"는 상호 작용 영역에서 특정 임계값보다 크지 않다는 것을 주장으로써 이 빔-빔 상호작용의 영향을 고려할 것이다. 특히,

유효 면적 A_{eff}(상호 작용 영역에서)에 저장된 전자수 (N개)의 비율로 정의되는 번치에서 유효 횡 방향 입자 밀도 D는 임계값 D_C을 초과해선 안 된다. 따라서 다음과 같은 조건이 만족되어야 한다.

$$D = \frac{N}{A_{int}} < D_C \tag{1.13}$$

여기서 D_C는 빔 전류와 독립적인 수 이지만, 빔 에너지를 포함해서 기본적인 링 변수의 관점에서 주어진다.

식 (1.13)의 물리적인 정당성은 이후까지 미루어져야한다. (2.12절 보시오) 그러나, 현재는 D_C를 위한 공식을 보고하는 것이 유용하다. 단, 제시된 공식은 링의 특성과 그 운용에 관한 특정한 제한들에 대해서만 옳다는 것을 유념해야 한다. 매우 잘 설계된 링들이 이러한 제한 사항을 만족할지라도, 이 공식의 적용 가능성은 특별한 경우에 대해 확인되어야 한다. 이러한 주의와 함께, 다음과 같이 쓸 수 있다.

$$D_C = \frac{2\Delta\nu_0\gamma}{r_e\beta_V} \tag{1.14}$$

여기서 $\Delta\nu_0$는 "최대 선형 튠 변이"의 전통적인 표기법이며 근사적으로 0.025와 같은 수이다 : γ는 전자 정지 에너지 단위에서의 빔 에너지이며, r_e는 고전적인 전자 반경, β_V는 빔 충돌 지점에서 계산된 함수(자기장의 집속 특성을 기술하는 수직방향 베타트론 함수)의 일반적 표기법이다. 이 함수는 다음 단원에서 자세히 다루어진다. 현재로썬 β_V는 충돌지점에서 가해진 횡방향 섭동에 전자 궤적들의 "민감도"에 비례하는 것으로 대략적으로 기술될 수 있다 - 작은 β_V는 고정된 섭동에 대해서 더 적은 영향을 가리킨다. β_V는 식 (1.14)에서 유일한 "자유" 매개 변수이므로 매우 많은 관심이 충돌 빔 저장링들의 설계들의 논의에서 고려되는 이유를 이해하게 될 것이다.

1.7 | 최대 휘도

방금 설명한 휘도 한계에 관한 첫 번째 결과는 최대 휘도는 저장된 두 빔이 동일한 최대 허용 전류에서 운영 될 때 얻어 진다는 것이다. (지금까지 명시된 바와 같이, 저장된 두 빔은 매우 유사한 자기장에서 운동을 하므로 충돌점에서도 같은 면적을 갖는다고 요구한다.) 한 빔이 다른 빔 보다 더 많은 전류를 가지고 있고 더 강한 빔과 약한 빔내의 전자수들을 각각 N_S와 N_W 라고 하자. 밀도 제한은 더 강한 빔에만 적용된다; 강한 빔의 전류가 가능한 만큼 크다면 다음과 같이 된다.

$$\frac{N_S}{A_{int}} = D_C \tag{1.15}$$

휘도에 대해 식 (1.9)을 이용하면 다음과 같다.

$$\mathcal{L} = \frac{f}{4} D_C N_W \tag{1.16}$$

휘도는 N_W를 증가함으로써 증가될 수 있으며, 물론 강한 빔에서의 전자수 만큼 될 때까지 커진다. 최대 휘도는 각 빔에서 횡방향 입자 밀도가 한계 값에 있을 때 얻어진다.

지금부터, 저장링은 두 빔에서 저장된 전자의 수가 서로 동일한 상태로 운전된다고 가정한다. 그때 광도 공식인 식 (1.9)는 다음과 같이 쓰인다.

$$\mathcal{L} = \frac{f}{4} \frac{N^2}{A_{int}} \tag{1.17}$$

그리고 최대 휘도는 아래와 같을 때 얻어진다.

$$\frac{N}{A_{int}} = D_C \tag{1.18}$$

이제 특정 저장링의 휘도에 대한 한계가 발생할 수 있는 몇 가지 경우에 대해 간략히 고려해 보자.

- **경우 1** : 상호 작용시 빔들의 유효 면적은 최대치 $A_{\max}$ 이하로 제한되며 임계 입자 밀도에 도달하기 위해 유용한 충분한 빔 전류가 존재한다. 이 경우에, 저장링은 다음과 같은 식으로 주어진 임계 입자수로 채울 수 있다.

$$N_C = D_C A_{int} \tag{1.19}$$

그리고 최대 휘도는 다음과 같이 된다.

$$\mathcal{L}_1 = \frac{f}{4} D_c^2 A_{\max} \tag{1.20}$$

경우 1에서 최대 광도는 저장된 입자 수에 명확히 의존하지 않고, 오히려 최대 유용한 빔 면적에 비례한다. 이러한 상황은 대개 저 에너지 저장링 (또는 저 에너지에서 작동하는 고 에너지 링)의 특징이며, 현재 운전 중인 모든 링의 운전에 대해 설명이 가능하다. 식 (1.20)의 형태는 다른 교과서들이 저장된 빔들의 유효 면적을 제어하는 문제에 왜 특별한 강조를 주는 이유를 명확히 한다.

식 (1.20)를 해석할때 다음 사항을 주의 깊게 고려해야 한다. 고정된 집속 특성과 특정 에너지에서의 운전되는 저장링에서 D_C는 고정된 숫자이다. 저장링의 집속 특성의 변화 없이 유효 빔 면적이 바뀐다면, 식 (1.19)는 면적에 대한 휘도 의존성을 보여준다. 그러나 다른 집속 특성을 가진 두 개의 저장링 또는 다른 집속 조건을 갖는 같은 링을 비교 할 때, 이는 A_{int}와 D_C는 함께 변화하고 휘도 변화가 A_{int}의 변화에 직접적으로 비례하지 않을 수 있다. 이러한 복잡성은 다음 절에서 상세하게 다루어 진다.

- **경우 2** : 빔들에서 저장된 입자의 수가 최대치 $N_{\max}$로 제한(주어진 에너지에서) 되어서 임계 전류 밀도에 도달하기 위해서 유효면적을 조정하는 것이 가능하다.

이 경우 저장된 빔들은 강도 $N_{\max}$로 채워지고 유효 작용 영역을 다음 값으로 조정된다.

$$A_C = \frac{N_{\max}}{D_C} \tag{1.21}$$

이때 얻을 수 있는 최대 휘도는 다음과 같다.

$$\mathcal{L}_2 = \frac{f}{4} D_C N_{\max} \tag{1.22}$$

이는 빔 강도와 D_C에 비례하지만 빔 영역에는 명확히 의존하지 않는다. 경우 2는 일반적으로 높은 에너지 범위에서 작동하는 고 에너지 저장링에 적용된다. 분명히, 가능한 가장 높은 전류가 요구되는 것이며, 가장 큰 휘도를 달성하기 위해서는 항상 식 (1.24)을 만족하기 위한 면적을 제어하는 것이 필요하다.

- **경우 3** : 입자수는 어떤 값 N_o로 제한되며, 유효 면적은 최소치 A_0보다 큰값으로 제한되며 그 비율은 임계밀도 D_C보다 작다. 저장링 설계에서 위와 같은 상황을 피하려 하지만, 이러한 상황은, 예를 들면, 어떤 링들의 가장 높은 운전 에너지들에서 발생할 수 있다. 이때, 전류밀도에 대한 한계는 의미가 없으며 최대로 얻을

수 있는 휘도는 단지 다음과 같다.

$$\mathcal{L}_3 = \frac{f}{4}\frac{N_0^2}{A_0} \tag{1.23}$$

이는 전류에 제곱에 비례하고 최소 면적에 반비례한다.

링의 주요한 파라미터들에 휘도의 의존성은 - 특히 빔 에너지에 - 위에서 언급한 세 가지 경우에서 매우 다르며, 이 교과서의 나머지 부분에서 주요 관심사의 하나이다. 그러나 그러한 세부 사항으로 가기 전에, 충돌지점에서 빔의 유효 면적을 결정할 수 있는 인자들을 간략히 검토하는 것이 유용할 것이다.

1.8 | 유효 상호작용 면적

식 (1.10)에서 유효 상호작용 면적은 빔 폭과 높이의 투영과 번치 수 B의 곱으로 정의 되었다 —$\pi/4$인자를 제외하고서. 이러한 인자들이 주어진 저장링에 대해 어떻게 결정되는지를 고려해 보자. 여기서는 주어진 에너지 및 자기장의 모든 필수적인 특성들이 고정되어서 운전되는 저장링을 의미한다.

앞서 언급한 바와 같이, 저장된 번치는 정지 상태에서 싱크로트론 방사에서 양자 영향들에 의한 설정된 크기를 가진다. 평평한 궤도를 갖는 이상적인 가속기에서 그러한 영향들은 무작위 지름 방향 진동을 직접적으로 생성하며 고유의 빔 폭을 결정한다 - 이러한 것은 전자 에너지와 집속 파라미터에 단지 의존한다. 빔 폭은 일반적으로 1 밀리미터 정도이다. 반면에 수직방향 진동의 직접적인 양자 여기는 매우 작으며, 실제 가속기에서는 일반적으로 수평방향에서 수직방향 진동으로의 에너지 결합에 의해 지배된다. 그러한 결합은 실제 저장링에서 다양하고 작은 결함에 기인한다. 일반적으로 빔 높이는 빔폭의 5~10% 이하로 만드는 것이 어렵다고 여겨진다. 흔히, 빔 면적을 늘리는 한 방법으로써 빔 높이를 증가시키기 위해 지름방향과 수직방향 진동사이의 결합을 의도적으로 증강할 수 있다. (이렇게 증가된 결합은 링을 수평 및 수직 베타드론 진동수 사이에 공명 (또는 공명근처)이 있도록 저장링을 운전함으로써 도입될 수 있다. 혹은 스큐자극 자석과 같은 특수 결합 요소를 도입함으로써 링에 도입될 수 있다.) 최대 면적은 두 좌표계에서 진동들이 효과적으로 같을 때 얻어진다. 이때 빔폭에서 작은 감소와 빔 높이에서 큰 증가를 가져와서 빔이 거의 원형 단면적을 갖게 된다.

이 기술은 이전 절에서의 경우 1에 해당하는 저장링들에서 휘도를 증가시키는 데 사용되었으며 예를 들면 Orsay의 ACO 저장링의 경우다.

빔의 폭과 높이는 원칙적으로 베타트론 진동의 인위적인 여기에 의해 증가시킬 수 있으나, ACO에서 그러한 시도는 예상 휘도 증가를 가져오지 않았다. 이 가능성에 관한 더 많은 연구를 진행할만 하다. 왜냐하면 비집단적 진동이 쉽게 발생될 수 있다면 빔 면적을 유용한 구경에 의해 설정된 최대값으로 증가할 수 있으며 낮은 에너지에서 작동되는 링들에서 가능한 가장 큰 휘도를 얻을 수 있다 (경우 1).

각도를 갖는 충돌에서 충돌각은 요구된 유효 빔 면적을 얻기 위해 변화할 수 있다. 특히, 두 빔들이 (전자 및 양전자)이 모두 공통 자기장에 저장되어 있는 링들에 대해서 - Adone에서 처럼 - A_{int}의 연속적인 제어는 충돌점에서 수직방향 충돌 각도의 연속적인 변화에 의해 얻어질 수 있다.

마지막으로, 유효 상호작용 면적은 순환하는 번치 수인 B를 제어함으로써 분명히 조정될 수 있다. 일반적으로 링은 운전 주파수가 회전 주파수 f의 어떤 조화수 k인 고주파 가속 시스템을 갖추고 있다. k는 또한 저장될 수 있는 최대 번치수이다. 유용한 번치 위치들을 선택적으로 채움으로써, 저장된 번치들의 수 B는 k보다 작은 정수로 될 수 있다. 따라서 B의 가능한 수는 $1 < B < k$이다. A_{int}의 조정은 만약 부분적인 번치 채움이 얻을 수 있는 총 빔 전류를 감소시키는 채움 효율을 줄인다면 제한적인 사용이 될 수 있다. 하지만, 이것은 고 에너지 저장링들에서 최적의 광도를 달성하기 위한 최선의 대안을 제공할 수 있다.

빔 휘도 한계에 대한 본질적인 현상을 강조하면서 이 절을 마치려 한다. 최적의 휘도 조건은 단일 숫자인 상호작용 면적 A_{int}을 통해 기하학적 변수 h, w, δ와 B에 의존한다. A_{int}의 특정 값을 달성하기 위해 사용된 모든 방법은 동등하게 유효하며 다른 하나를 선호하게 하는 근본적 이유는 없다. 따라서 저장링들의 설계 및 운용에 있어 광범위한 유연성이 있다. 여기서 제시된 공식은 다른 접근법을 채택하는 저장링들이 어떻게 비교되어야 하는 것에 대해서 명확히 한다고 기대된다.

여기서 전자 저장링들의 물리에 대해 주고 싶은 개요를 마친다. 지금까지 단지 정성적으로 기술할 수 있었던 기본적인 현상들에 대해서 자세하고 정량적인 논의는 다음 단락에서 할 것이다.

CHAPTER

02 베타트론 진동

2.1 | 운동 좌표계

전자들은 자기장이 이끄는 힘에 의해 저장링내에서 존재한다. 전자석들은 보통 거의 원형 또는 레이스트랙 형의 폐곡선인 이상적인 궤도를 따라 배치된다. 자석들의 전류가 일정한 값들의 특별한 값들로 정해질때, 기준 에너지가 E_o인 전자는 일단 적절히 시작되면 이상적인 궤도를 따라 연속적으로 운동을 하도록 자기장은 설정된다. 모든 전자들은 이상적인 궤도 근처에서 안정적이며 거의 주기적인 궤적상에서 움직이도록 자기장에 구속된다. 이러한 안정적인 궤적들에 관한 특성이 본 단원의 주제이다. 하지만, 이러한 논의는 선형근사에 제한되며 그리고 일정한 에너지를 갖는 전자에 적용되며, 방사 손실 및 가속장 영향은 본 단원에서 무시한다. 이러한 영향들은 이상화된 궤적에 섭동으로써 작용하며 후에 논의될 것이다.

대부분의 저장링에서, 이상적인 궤도는 한 평면상에 놓여있으며 그러한 경우에 논의를 한정하며, 보다 일반적인 경우로의 확장은 상대적으로 간단하다. 이상적인 궤도의 면이 수평방향에 있다고 가정함으로써 논의를 단순화 한다.

이상적인 궤도와 관련된 좌표계의 관점에서 전자의 운동을 기술하는 것이 편리하다. 전자의 순간적인 위치는 (s, x, z)로 지정되며, 여기서 s는 어떤 임의의 기준점에서 전자가 이상적인 궤도에 따라 진행된 거리이며, x및 z는 이상적인 궤도에서의 수평 및 수직방향의 거리이다. 그림 2.1을 보아라. s를 방위각 좌표로 부른다. 수직 및 수평방향 변위는 물론 설계궤도에 직각인 국소적인 변위이다. s의 양수값은 전자가 진행하는

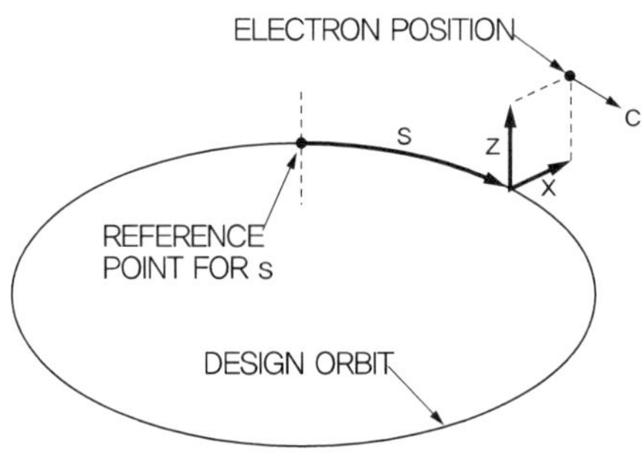

그림 2.1 궤적들을 기술하는 좌표계들

방향으로 정하며 x는 외곽방향 z는 위쪽방향이다. 흔히 x를 자주 지름방향 좌표로써 언급하겠다.

좌표 x와 z는 궤적의 국소 곡률 반경보다 항상 훨씬 작은 양으로 간주되며, 이상적인 궤도 근처에서의 자기장 변화를 고려할때 x와 z에서 선형적인 항만이 유지 될 필요가 있다. 이러한 조건들은 우리가 다루는 사항들을 선형 근사적으로 정의하도록 한다.

설계 궤도가 폐곡선이므로, 방위각 좌표 s는 주기적이다. 즉, s는 매번 궤도의 원주만큼 증가시키면서, 공간에서 위치를 반복한다. L을 원주라 부르고 이것을 설계 궤도의 길이로써 나타낸다. 방위각에서의 물리적 위치는 s, $s+L$ 또는 $s+2L$ 등으로 나타내어진다. 이것은 때때로 L의 위치를 동일한 양 $2\pi R$로 사용하는 것이 편리하다. 여기서 R은 설계 궤도의 "유효 반지름" 이다. 이것은 엄밀하게는 부적절 할지라도 R을 저장링의 "평균 반지름"으로써 흔히 언급한다.

2.2 | 자기장

자기장은 정적이며, 전자의 운동은 궤적의 각 지점에서 자기장 세기 $\vec{B}$에 의해 결정된다. 이상적인 궤도는 항상 수평방향으로 취하기 때문에 자기장은 궤도상 모든 곳에서 이상적으로 수직방향 임에 틀림없다. 여기서 설계 자기장은 이상 궤도의 평면에 대해서 이상적으로는 대칭인 것으로 가정하겠다. 이러한 가정들하에 자기장은 각 방위각 위치 s에서 다음 두 가지 양에 의해 완전히 특정될 수 있다. 즉, 각 방위각에서 $x=0$에서, $B_o(s)$, 이상궤도상에서 자기장의 크기, 그리고 $(\partial B/\partial x)_{os}$ 이상적인 궤도에서 평가된 자기장 세기의 수평 변화율 (자기장은 이상궤도면에서 대칭이기 때문에 $\overrightarrow{B_o}$ 및 $\partial \overrightarrow{B}/\partial x$는 오직 수직 성분만을 지니고 있으며 크기만을 나타낼 필요가 있다.) 이미 언급한 바와 같이, 자기장 $B_o(s)$는 이상적인 궤도의 곡률을 생성한다 ; 반면에 자기장 구배 dB/dx는 궤도 근처에 안정적인 궤적을 위한 집속력을 생성한다.

(s, x, z)에서 전자에 작용하는 자기장의 두 가지 횡방향 성분은 다음과 같이 쓸 수 있다.

$$B_z(s, x, z) = B_o(s) + (\frac{\partial B}{\partial x})_{os}\, x; \tag{2.1}$$

$$B_x(s, x, z) = (\frac{\partial B}{\partial x})_{os}\, z \tag{2.2}$$

마지막 관계는 맥스웰 방정식에서 나오며, 대칭적인 자기장에 대해, $\partial B_x/\partial z = \partial B_z/\partial x$, 관계를 준다. 그리고 선형 근사는 분명히 자기장에서 고차항들을 무시 가능하게 한다. 위 자기장의 성분들은 전자의 운동 방정식들에서 로렌츠 힘을 얻기 위해서 사용된다.

저장링은 전자 에너지의 범위에서 작동하도록 설계된다. 이것은 모든 자기장들은 요구되는 운전 에너지에 비례하여 조정되고 변화할 수 있도록 배치함으로써 달성된다. 명확히 만약 설계 궤도상에서 자기장이 모든 위치에서 같은 스케일로 변한다면, 설계 궤도는 모멘텀이 같은 인자만큼 변화된 전자들에게 가능한 궤적이 된다. 모든 자기장을 단지 함께 변화시키면 설계궤도에 관련된 에너지를 변화시킨다. 이러한 이유로, 모든 자기장을 정해진 전자 에너지에 비례해서 같은 스케일로 나누워서 쉽게 얻을 수 있으므로, 선정된 운전 에너지와 무관한 방식으로 자기장의 특성을 규정하는 것이 편리하다. 다음 두 함수들로 자기장의 (선형)특성을 정의한다.

$$G(s) = \frac{ec\, B_0(s)}{E_0} \tag{2.3}$$

$$K_1(s) = \frac{ec}{E_0}\left(\frac{\partial B}{\partial x}\right)_{0s} \tag{2.4}$$

여기서, E_o는 기준 에너지이고, c는 빛의 속도이며, e는 전자 전하이다.

이러한 함수들은 간단한 물리적 중요성을 가지고 있다. $E = pc$ 관계를 갖는 단지 상대론적인 전자들에 관심이 있다 ; 그래서 $G(s)$는 단지 $x = 0$, $z = 0$ 에서 기준 에너지의 전자의 곡률 반경의 역수이다.

$$G(s) = \frac{1}{\rho_s} \tag{2.5}$$

$G(s)$를 곡률함수로 부른다. 함수 $K_1(s)$는 지름방향 변위를 갖는 반경에 역수의 변화율이다.

함수 $G(s)$와 $K_1(s)$는 상당히 임의적이지만 몇가지 주요한 제약들을 만족해야 한다. 첫째로, $G(s)$는 사실 폐궤도를 정의함에 틀림없다. (G는 이상적인 궤도를 정의한다 혹은 몇몇의 임의로 규정된 폐궤도는 G를 유일하게 정의한다.) 방위각 간격 ds에서 이상 궤도에 접선방향에서 변화 $d\theta_o$는

$$-d\theta_0 = \frac{ds}{\rho_s} = G(s)\,ds. \tag{2.6}$$

한 회전에서 지나간 각도는 2π이어서 $G(s)$는 다음을 만족해야한다.

$$\int_0^L G(s)\,ds = 2\pi. \tag{2.7}$$

두 번째로, $G(s)$와 $K_1(s)$는 반드시 s의 주기 함수들이다. 왜냐하면 한 회전 후에 궤도상에서 같은 지점으로 돌아가는 물리적 주기를 가지기 때문이다.

$$\begin{aligned} G(s+L) &= G(s) \\ K_1(s+L) &= K_1(s) \end{aligned} \tag{2.8}$$

L은 궤도의 길이이다. 이러한 제약들을 제외하고는, $G(s)$와 $K_1(s)$는 s에 대해 다소간 임의의 변화들을 갖을 수 있다.

자기장의 함수 G와 K_1는 원리적으로 매우 일반적일지라도, 이것들에게 어떤 제한들을 부과함으로써 저장링의 설계나 운전을 단순화하는 것 이 종종 편리하다. 예를 들어, 대부분의 전자 저장링들은 모든 이극자석에서 같은 궤도반경을, 즉 ρ_o, 갖도록 그리고 궤도의 직선구간에서는 이극자석이 없도록 설계된다. 이러한 자기장을 등자기장으로 불리운다. 이 단어는 아마도 의미를 잘못 전달하게 할수 있다. 의향 하고자 하는 것은 설계 궤도상의 자기장은 0인 곳을 제외하고는 모든 지점에서 같은 값을 갖는다는 것을 의미한다. 따라서 $G(s)$는 G_o 또는 0의 값을 가진다 :

$$G(s) = \begin{Bmatrix} G_0 = \dfrac{1}{\rho_0}, & \text{자석 존재구간} \\ 0 & \text{, 그외 구간} \end{Bmatrix} \text{ (등자기장).} \tag{2.9}$$

불연속적인 자기장을 갖는 것은 물리적으로 불가능하므로 실제적인 자기장은 항상 이상적인 등자기장이 될 수 없다. 자석의 가장자리에서 자기장은 항상 0에서부터 기준값을 가지는 전이 구간이 있다. 이상적인 등자기장 근사화는 대부분의 용도에 일반적으로 매우 적합하다.

가속기와 저장링은 자기장의 지름방향의 구배를 갖는 이극 자석으로 흔히 만들어지지만, 집속기능과 휨 기능이 다른 자석들로 부과된 분리함수를 갖는 자기장을 설계하는 것이 매우 일반적이다. 즉, 자기장은 일련의 이극 자석 (구배가 없는)과 사극 자석 (설계 궤도상에서 자기장이 없는)으로 구성된다. 분리함수의 자기장은 $G(s)$와 $K_1(s)$가 동시에 0의 값을 가지지 않는 것으로 정의된다. 그러므로 다음과 같이 정의한다.

$$G(s) = K(s)_1 \text{ (분리 함수)}. \tag{2.10}$$

하나 주의 할 점은 흔히 이극 자석의 극면을 직사각형으로 설계하는 것이 편리하다. 이러한 자석에서 설계 궤도는 극의 가장자리에서 직각과는 다른 각도로 입사 및 출사를 한다. (그림 2.2을 보아라). 자석이 평평함에도 불구하고 (자석에서 지름방향의 구배가 없는) 가장자리에서 자기장이 0이 되지 않는 반경방향의 구배를 갖는다. 식 (2.10)은 가장자리에서 만족되지 않으며, 그러한 직각 자석으로 - 사극자석과 함께 - 구성된 자기장은 엄격하게는 분리기능의 정의를 만족하지 않는다. 하지만 이러한 자기장들은 여전히 등자기장이 될 수 있다.

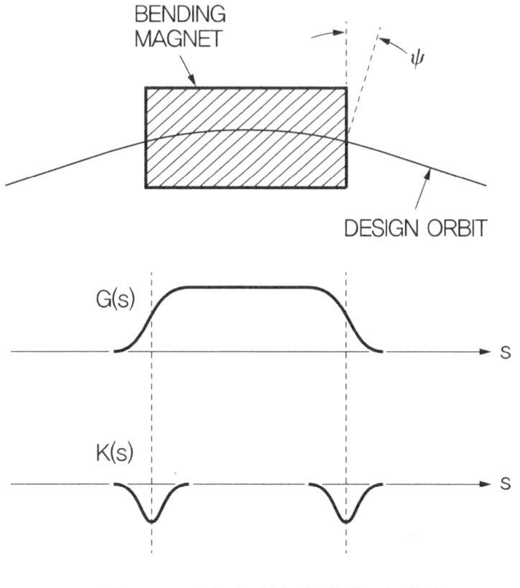

그림 2.2 직각자석에서의 자기장

2.3 | 운동 방정식

반드시 설계 에너지에는 있지 않고 설계 궤도 근처 궤적상에서 운동하고 있는 전자의 운동 방정식을 구해보자. 설계 에너지 E_o로부터 편차 ϵ관점에서 전자의 에너지를 기술하자

$$\epsilon = E - E_o \tag{2.11}$$

선형근사를 유지하면서 크기가 작은 양인 x, z, ϵ에서 1차항만을 유지하겠다. 독립변수로써 시간을 사용하기 보다는 방위각 좌표 s를 사용하는것이 더 편리할 것이다. s에 대한 미분은 (′)으로 나타낸다 ; 예를들면, $x' = dx/ds$

지름방향 운동부터 시작하자. x에서 기울기 x'로 운동하는 전자를 고려하자. 그림 2.3를 보아라. 기울기 x'는 전자의 운동방향과 설계 궤도에 접선방향 사이의 각도이다. 임의의 기준방향과 접선사이의 각을 θ_o, 같은 기준방향과 궤적에 의해 만들어지는 각을 θ로 가정하자, 이때 $x' = \theta - \theta_o$이고,

$$x'' = \frac{d(\theta - \theta_0)}{ds} \tag{2.12}$$

θ_o의 도함수는 단지 $-1/\rho_s = -G(s)$이다. 그럼 $d\theta / ds$는 무엇인가? 궤적의 곡률반경은

$$\rho = \frac{E}{ecB} \tag{2.13}$$

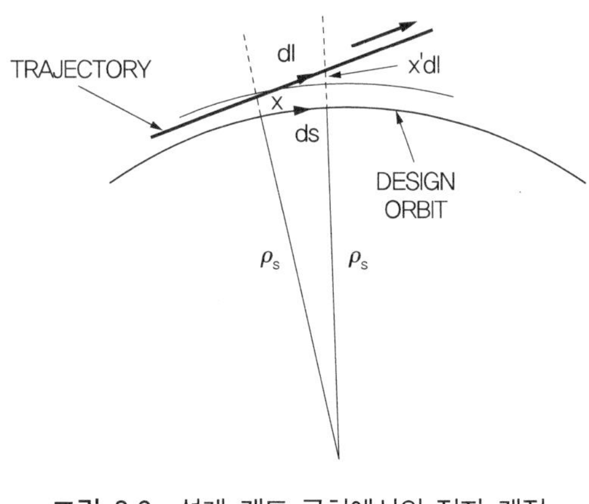

그림 2.3 설계 궤도 근처에서의 전자 궤적

이고, 궤적의 경로 요소 dl 에서, 각도에서 변화는

$$d\theta = -\frac{dl}{\rho} = -\frac{ecB}{E}dl \tag{2.14}$$

다음으로, 각도 x'이 작은 한, 항상 가정하는 것처럼, x에서 궤적의 경로요소 dl은 s에서 해당하는 변화에 관련된다.

$$dl = \frac{\rho_s + x}{\rho_s}ds = (1 + \frac{x}{\rho_s})\,ds = (1 + Gx)\,ds \tag{2.15}$$

전기장 B에 대해서,

$$B = B_0 + \frac{\partial B}{\partial x}x = \frac{E}{ec}(G + K_1 x) \tag{2.16}$$

이 두식을 $E = \epsilon + E_0$와 함께 식 (2.14)에 대입하고 1차항만을 유지하고서

$$d\theta = (-G - (G^2 + K_1)x + G(\epsilon/E_0))ds$$

식 (2.12)로부터 다음을 얻는다

$$x'' = -(G^2 + K_1)x + G(\epsilon/E_0) \tag{2.17}$$

수직방향 운동에 해당하는 방정식은 유도하기가 더 간단하며 다음과 같이된다.

$$z'' = K_1 z \tag{2.18}$$

선형화 근사로, x와 z에서 운동들은 독립적임을 주목하라.

전자 궤적들에 대해서 다음의 표준형을 사용할 수 있다

$$x'' = K_x(s)x + G(s)\frac{\epsilon}{E_0} \tag{2.19}$$

$$z'' = K_z(s)z \tag{2.20}$$

여기서,

$$K_x(s) = -G^2(s) - K_1(s) \tag{2.21}$$

$$K_z(s) = +K_1(s) \tag{2.22}$$

G^2에 대응하는 항은 설계 궤도가 한 평면에 있다고 가정했기 때문에 K_z의 식에는 포함되지 않는다. 저장링들은 대개 강한 집속을 이용한다. 이러한 저장링들에 대해, G^2

는 일반적으로 K_1보다 훨씬 작아서 K_x와 K_z는 근사적으로 같으며 반대 부호를 갖는다.

z의 운동 방정식은 변수인 복원력 계수 (함수 $K_z(s)$를 갖는 고전적인 진동자의 방정식 (힘이 변위에 비례하는)과 유사하다. x의 방정식은 에너지 변이 ε에 비례하는 강제항을 제외하고는 거의 유사하다. 유용한 자기장에서 운동의 해들은 사실 진동적이며, 전자 궤적의 횡방향 진동들을 - 소위 베타트론 진동을 포함하여 - 기술한다. 이러한 진동들은 집속 함수 K_x와 K_z에 의해 특징되는 자기장의 집속 특성의 결과이다. 이후에 보는 것처럼, 함수 $G(s)$는 자기장의 에너지 집속 특성에서 또한 나타난다.

모든 집속 함수는 s에서 반드시 주기적이며, 최소 주기는 이상적인 궤도의 한 회전이 된다. 즉, (G에 대한 것 뿐만아니라), K_x와 K_z 모두에 대해서

$$K(s+L)=K(s)\cdots \tag{2.23}$$

여기서 L은 이상 궤도의 길이이다. 설계 뿐만아니라, 구축에서도 저장링들은 일반적으로 내부 주기성을 가진다. 즉, 저장링들은 일련의 동일한 자기 셀의 구조로, 적어도 일부구간에서, 이루어져 있으며 각셀은 이극 자석들과 사극자석들의 세트로 구성된다. 이때 s거리 동안, 집속 함수는 다음을 만족한다.

$$\begin{aligned} G(s+l_c)&=G(s) \\ K(s+l_c)&=K(s) \end{aligned} \tag{2.24}$$

여기서 l_c는 셀의 길이이다. 하지만, 식 (2.23)은 저장링의 실제 자기장에 대해 - s는 L만큼 증가하므로, 전자는 저장링에서 같은 물리적인 지점으로 되돌아 온다 - 셀 주기성은 설계 특성이며 실제 자기장에 대해서는 엄밀히는 사실이 아니다 (구축 결함들 때문에).

자기장의 몇가지 설명적인 예를 기억해 보는 것은 유용하다. 제안된 SLAC 링의 설계를 보자. 저장링의 대부분은 기준 셀의 반복으로 구성되어 있고, 각 셀은 저장링의 1/16을 차지한다. 그림 2.4에서, 두 셀로 구성된 저장링의 한 부분에 대해서 집속 기능의 특성이 나타나고 있다. 그림 2.4(a)은 이극자석과 사극자석의 배치를 보여 준다. B로 나타낸 이극 자석들은 균일한 장을 갖는다 ($dB/dx=0$) ; 사극자석은 설계 궤도상에서 ($B_o=0$) 자기장이 없으며, 사극자석의 구배들이 양수 또는 음수에 따라서 F나 D로 표시되어 있다 (지름방향 운동에서 집속 또는 발산에 따라서). 그림 (b), (c)는 집속 함수 G, K_x, K_z를 보여준다.

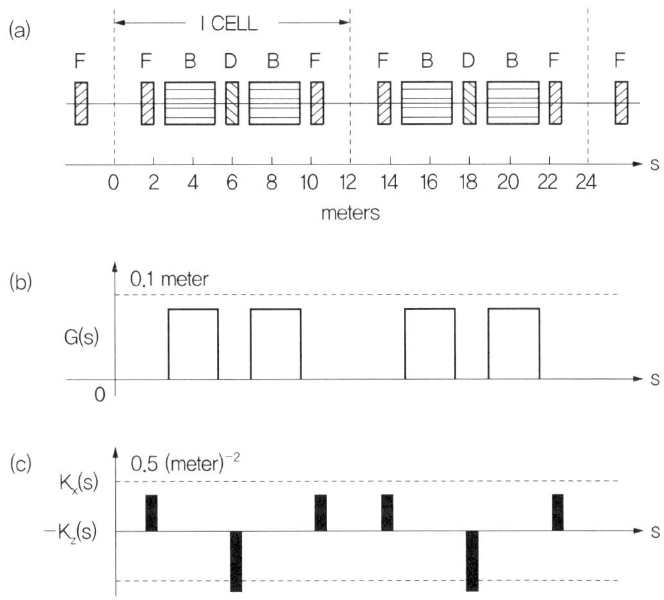

그림 2.4 특별한 자기장의 기준 셀들에서의 자기격자 및 집속함수들

2.4 | 지름 방향 운동의 분리

지름 방향 운동을 두 부분, 즉, 변위 에너지를 갖는 전자에 대한 평형궤도인 변위된 폐곡선 부분과 이 궤도 주위의 자유 횡방향 진동부분으로 분리하는 것이 개념적으로 편리하다. x에 대해 다음과 같이 쓰자,

$$x = x_\epsilon + x_\beta \tag{2.25}$$

다음 두 식이 모두 사실이면 식 (2.19)는 분명히 만족된다.

$$x_\epsilon'' = K_x(s)x_\epsilon + G(s)\frac{\epsilon}{E_0} \tag{2.26}$$

$$x_\epsilon'' = K_x(s)x_\beta \tag{2.27}$$

$x_\epsilon(s)$는 각 물리적 방위각에서 1가 함수가 된다는 것을 요구함으로써 이 분리가 유일함을 만들 수 있다; 즉, $x(s)$는 주기 L로 s에서 주기적인 함수가 된다. $x_\epsilon(s)$는 에너지가 $E_o + \epsilon$인 전자에 대한 가능한 (사실 유일한) 폐궤도이며, 일반적인 지름방향 운동

은 새로운 평형궤도와 식 (2.27)을 만족하는 자유 베타트론 진동 x_β 변위의 합으로 구성된다.
변위 x_ϵ는 에너지 편차 ϵ에 비례한다. 즉,

$$x_\epsilon(s) = \eta(s)\frac{\epsilon}{E_0} \tag{2.28}$$

$\eta(s)$는 다음을 만족하는 1가 함수이다.

$$\eta'' = K_x(s)\eta + G(s) \tag{2.29}$$

그리고 이상적인 궤도로부터 전체 변위는 다음과 같이 쓸 수 있다.

$$x = \eta(s)\frac{\epsilon}{E_0} + x_\beta \tag{2.30}$$

여기서 $\eta(s)$를 오프-에너지함수로 부른다. 이것은 식 (2.29)의 유일한 특수해이고 (주어진 주기성으로 인하여), 전체 자기장을 특징짓는 함수이다. 이것은 후에 더 자세히 논의 될 것이다.

2.5 | 베타트론 궤적들

식 (2.20)과 식 (2.27)은 자유 수직방향 및 지름방향 베타트론 진동들을 기술한다. 주어진 근사화로, 이 운동들은 두 좌표계에서 독립적이다. 비록 함수 $K_z(s)$와 $K_x(s)$는 일반적으로 다르지만, 이 두 운동방정식은 같은 수식형을 가지므로, 다음 식으로 나타내자.운동 방정식

$$x'' = K(s)x \tag{2.31}$$

이식은 아래 첨자 β와 x를 생략한 식 (2.27)과 동일하다. ($K(s) = K_x(s)$으로, 식 (2.31)은 기준 에너지 E_o인 전자의 지름방향 베타트론 진동을 기술한다 ; x를 z로 치환 하여 $K(s) = K_z(s)$로 놓음으로써 이 식은 전자의 수직방향 운동을 기술하게 된다.)

집속 함수 $K(s)$는 규정된 함수이다 - 저장링 설계는 각각의 방위각 위치에서 이 함수 값을 지정한다. 만약 전자의 위치와 기울기가 (x 그리고 x') 어떤 방위각에서 주어

졌을 경우, 이후의 운동은 유일하게 결정된다. 실제로 이것은 식 (2.31)의 직접적인 수치 적분에 의해 결정될 수 있다. 일반적으로 자기장은 자기적인 구간들로 구성되며 이것들은 각각에서 $K(s)$는 상수로 놓을 수 있어서 적분은 대수적으로 각 구간에 대해 수행될 수 있다. 이 운동은 각 해의 조합으로 나타낼 수 있다. K의 값이 s의 특정구간에서 양수, 0 또는 음수 여부에 따라서 x는 다음 형태중 하나를 갖는다.

$$K<0: \ x = a\cos(\sqrt{-K}s + b)$$

$$K=0: \ x = as + b \tag{2.32}$$

$$K>0: \ x = a\cosh(\sqrt{K}s + b)$$

여기서 a와 b는 각 구간에서 상수들이다. 입구의 값 x와 x'들로부터 구간까지 결정될 수 있다. (K는 모든 위치에서 유한하므로, x와 x' 모든 곳에서 연속이어야 한다. 그리고 특히 두 구간들의 경계에서 유한하다.)

한 예로, 그림 2.4에서 $K_x(s)$에 대해 주어진 것 같은 $K(s)$에 대한 운동을 고려하자. 두 개의 가능한 궤적이 그림 2.5(b)에서 보여진다. 첫 번째 궤적은 단위변위 $(x_o = 1)$이지만 기울기를 갖지 않으며 $(x'_o = 1)$ s의 특정구간에서 시작하는 궤적이다. 두 번째 궤적은 0이지만 단위 기울기 $(x'_o = 1)$을 가지고 s_o에서 시작한다. 이 궤적들의 각자는 식 (2.32)에서 함수들의 하나에 의해 기술된 것들로 구성된다. 물론, s_o에서의 초기 조건에 따라서 무한개의 궤적이 가능하지만, 보여진 두 궤적에 특히 관심이 있다. 첫 번째 것은 s_o와 연관된 코사인 같은 궤적 $C(s, s_o)$이고 다른 하나는 사인 같은 궤적 $S(s, s_o)$

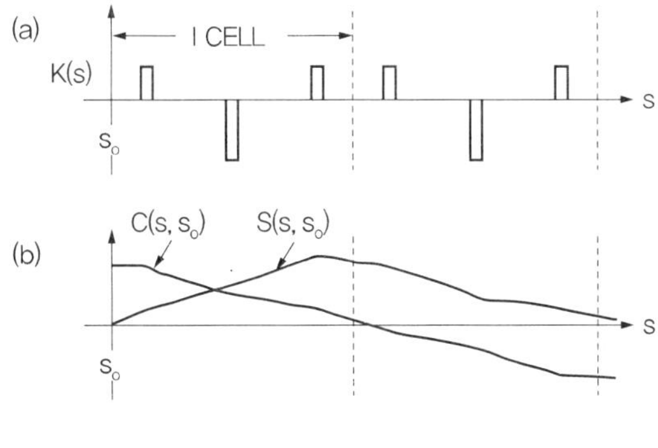

그림 2.5 집속함수 $K(s)$와 두 개의 궤적들 : 시작점 방위각 s_o에 대해 코사인같은 궤적과 사인같은 궤적

이다.

C와 S의 자세한 형태는 기준 방위각 s_o에 의존한다. $K(s)$는 주기함수일지라도, C와 S는 일반적으로 주기적인 함수가 아니다. 안정적인 궤적을 갖는 저장링에 대해서, C와 S는 연속적인 회전시 다른 형태를 갖는 속박된 진동 함수들이다. 저장링에서 몇 번의 회전 후 이전의 회전에서의 궤적과 매우 가까이 놓여진다는 의미에서 준주기적이다.

식 (2.31)은 x에서 선형적이므로, C와 S의 선형 조합은 또한 가능한 궤적을 기술한다; 모든 가능한 궤적들은 선형조합으로 기술 될수 있다. 즉 어떤 궤적에 대해

$$x(s) = C(s, s_o)x_o + S(s, s_o)x'_o \tag{2.33}$$

그리고

$$x'(s) = C'(s, s_o)x_o + S'(s, s_o)x'_o \tag{2.34}$$

여기서 C'와 S'은 s에 대한 C와 S의 도함수들이고 x_o와 x'_o는 s_o에서의 x와 x'의 값이다.

마지막 두 식을 행렬 표기법으로 쓰는 것이 흔히 편리하다. $x(s)$를 성분이 $x(s)$와 $x'(s)$인 벡터를 표시한다고 하자.

$$x(s) = \begin{bmatrix} x(s) \\ x'(s) \end{bmatrix} \tag{2.35}$$

그리고 다음과 같이 쓸 수 있다.

$$x(s) = M(s, s_o)x(s_o) \tag{2.36}$$

여기서 M은 s_o부터 s까지의 전송 행렬이며, 이 행렬은 두 방위각 사이의 자기장 특성에 따른다. 이 성분들은 코사인같은 함수나 사인같은 함수로 쓸 수 있다.

$$M(s,so) = \begin{bmatrix} C(s,so) & S(s,so) \\ C'(s,so) & S'(s,so) \end{bmatrix} \tag{2.37}$$

s의 어떤 구간에 대한 전송 행렬은 그 구간의 각 구성품에 대한 전송 행렬의 관점에서 주어진다. s_o와 s 사이의 어떤 s_1에 대해서

$$M(s,s_o) = M(s, s_1)M(s_1, s_o) \tag{2.38}$$

상수 K로 s_1로부터 $s_2 = s_1 + l$까지 위치하는 구간에 대한 전송 행렬은 표 2.1에서

$K<0$, $K=0$ 그리고 $K>0$의 세가지 경우로 주어진다. 이것은 식 (2.32)의 방정식들로부터 유도된다.

전송행렬 방법은 저장링을 설계할 때나 빔 입사시 초기 궤적과 같은 특별한 문제를 찾을 때 유용하다. 그러나 이것은 저장된 전자들의 궤적의 일반적인 성질에 대한 가장 편리한 기술을 제공하지 않는다. 많은 목적들을 위해, 궤적을 기술하는 다른 방법은 더 유용하다. 이 방법은 유사-조화 설명으로 불리운다.

표 2.1 상수 K를 갖는 구간들에 대한 전송 행렬

$$K<0: M(s_2,s_1)=\begin{bmatrix} \cos\sqrt{K}l & \frac{1}{\sqrt{K}}\sin\sqrt{K}l \\ -\sqrt{K}\sin\sqrt{K}l & \cos\sqrt{K}l \end{bmatrix}$$

$$K=0: M(s_2,s_1)=\begin{bmatrix} 1 & l \\ 0 & 1 \end{bmatrix}$$

$$K>0: M(s_2,s_1)=\begin{bmatrix} \cosh\sqrt{-K}l & \frac{1}{\sqrt{-K}}\sinh\sqrt{-K}l \\ \sqrt{-K}sinh\sqrt{-K}l & \cosh\sqrt{-K}l \end{bmatrix}$$

$$l=s_2-s_1$$

식 (2.31)의 일반해는 다음과 같이 쓸 수 있다.

$$x(s)=a\zeta(s)\cos(\phi(s)-\theta) \tag{2.39}$$

여기서 $\zeta(s)$와 $\phi(s)$는 특별히 정의된 s의 함수이며 a와 θ는 특별한 궤적을 결정하는 상수들 (초기조건들)이다. 특히 다음을 정의하면

$$\phi(s)=\int_0^s \frac{d\bar{s}}{\zeta^2(\bar{s})} \tag{2.40}$$

그래서

$$\phi'(s)=\frac{1}{\zeta^2} \tag{2.41}$$

만약 $\zeta(s)$가 다음을 만족하는 양수값의 일가 해석함수로 정의하면

$$\zeta''=K(s)\zeta+\frac{1}{\zeta^3} \tag{2.42}$$

직접 치환에 의해 볼 수 있듯이, 식 (2.39)의 $x(s)$는 미분 방정식 (2.31)을 만족한다.

일반적으로 $\zeta(s)$보다는 이것의 제곱인 $\beta(s)$를 보편적으로 사용한다. $\beta(s)$를 사용해서 식 (2.39)는 다음과 같은 식을 얻는다

$$x(s) = a\sqrt{\beta(s)}\,(\cos\phi(s) - \theta) \tag{2.43}$$

여기서

$$\phi(s) = \int_0^s \frac{d\bar{s}}{\beta(\bar{s})} \tag{2.44}$$

그리고

$$\beta(s) = \zeta^2(s) \tag{2.45}$$

이어서 $\sqrt{\beta(s)}$는 식 (2.42)에 의해 정의된 함수이다.

저장링에서 주어진 집속 함수 $K(s)$에 대해서, 함수 $\beta(s)$는 유일한 값으로 정의되며; 저장링의 집속 특성에 대한 또 하나의 표현이 될 수 있다. 그러나 $K(s)$는 자기장의 국소 속성 (각각의 s)으로 주어지지만, 함수 $\beta(s)$나 $\xi(s)$는 저장링의 전체 배치에 의존한다. 한편 일단 $\beta(s)$를 알게되면, $K(s)$는 식 (2.42)나 식 (2.45)에 의한 국부적인 도함수로부터 즉시 얻어 질수 있다. 그러나, 저장된 전자의 궤적의 주요한 특성을 보다 더 직접적으로 나타내 주는 것은 $\beta(s)$이다.

안정한 (즉 속박된) 궤적을 형성하지 않는 자기장 또한 가능하다. 그런 자기장에 대해 $\beta(s)$는 정의되지 않는다. 그러나 이러한 자기장은 저장링을 형성한다고 할 수 없기 때문에 여기서는 이러한 경우는 관심을 갖지 않는다. 물론 저장링 설계자에게는 흥미로운 일이 될 수 있지만 관심을 두지 않을 것을 추천한다.

$\beta(s)$가 자기장 특성과 어떻게 관련되는지에 대한 설명은 나중에 하겠다; 그러나 식 (2.43)에 기술된 유사-조화 해들에 의해 설명된 궤적들의 양들을 먼저 살펴 보는 것이 보다 유용할 것이다.

이 절에서 논의된 모든 것들은 지름방향 운동 뿐만아니라 수직방향에도 동일하게 적용됨을 잊지마시오. 그러므로 저장링은 두 집속 함수 K_x와 K_z로부터 유도되는 두 함수 β_x와 β_z (혹은 ζ_x와 ζ_z)로 기술될 수 있다. 이것은 위상함수 $\phi(s)$ 는 또한 x 및 z의 운동에서 서로 다르다는 것을 나타낸다.

2.6 | 유사-조화 베타트론 진동들

x 방향 또는 z 방향에서의 베타트론 진동들은 다음의 형태를 갖는 유사-조화 베타트론 진동으로 기술됨을 보아 왔다.

$$x(s) = a\sqrt{\beta}\cos(\phi - \theta) \tag{2.46}$$

$$\phi = \int_0^s \frac{d\bar{s}}{\beta} \tag{2.47}$$

여기서 β는 s의 함수로 주어지며, 베타트론 함수로 불리운다. a와 θ는 특정 궤적의 상수들이다. 이 두식은 전자가 지나가는 경로를 완벽하게 묘사한다. x좌표에서 전자의 운동에 대해 완벽하게 기술하기 위해서는 전자는 광속으로 이동한다는 사실을 추가해야 한다. 많은 목적상, 전자의 방위각은 다음과 같이 간단히 변화하는 것으로 놓는 것이 적당하다.

$$s = s_0 + ct \quad (\text{근사적}) \tag{2.48}$$

그런데, 이 식은 x/ρ_s의 차수 항들을 생략하는 근사임을 기억하여야 한다. 여기서 ρ_s는 설계 궤도의 곡률 반경이다. 식 (2.48)에 보정항들은 3.2절에서 보게 될것이다.

베타트론 함수는 자기장의 횡방향 집속의 특징을 완벽하게 기술한다. 베타트론 함수는 특성상 언제나 양의 값을 가진다 ; "파동 같은" 특성을 가지며, 잘 설계된 링에서 그것의 평균값에서 많이 벗어나지 않는다 (일차 크기 부분 정도). 베타트론 함수는 전형적으로 그림 12(a)처럼 보인다. $\beta(s)$의 정의는 주기 L로 s에서 주기적이 된다.

$$\beta(s+L) = \beta(s) \tag{2.49}$$

각 물리적인 방사각 위치에서 유일한 값을 가진다. 만약 자기장이 더 높은 회전 대칭성을 갖는다면 - 두 개 이상의 동일한 주기로 구성되어 있고 $-\beta$는 같은 대칭성을 갖을 것이다. 그림 2.4(a)의 β를 생성하는 자기장은 원주 둘레에서 16개의 동일한 셀들을 갖을 것이다. 그러나 자기장의 단지 어느 한 부분에서 집속 함수들 $G(s)$와 $K(s)$에서 국부적인 주기성은 β 함수에서 대응하는 국부적인 주기성을 만들어 주지 않는 점을 주의해야 한다. 국부적인 주기성이 진짜 회전 대칭성을 생성하기 위하여 링 주위에서 반복될 때만이 그렇게 될 것이다.

전자가 링 주위를 운동하면서 조화적이지도 주기적이지도 않는 횡방향 진동을 한다. 이 운동은 왜곡된 사인파의 한 종류이며 진폭($a\sqrt{\beta}$)은 베타함수의 제곱근에 비례하여 변형된다. 그리고 “위상” $(\phi-\theta)$은 $1/\beta$에 비례하여 변화하면서 s를 따라 진행한다. 그 운동의 본질이 그림 2.6(b), (c)에 설명되어 있다. 보여진 궤적의 두 부분은 같은 a에 해당하지만 다른 위상으로 시작한다.

어떤 초기 상수 a와 θ를 정해서 많은 연속적인 회전에 대한 궤적을 따른다고 하자. 그림 2.6(d)에서 보여진 중 하나와 같은 경로를 얻을 것이다. 편의상 s축의 같은 구간 상에서 모든 연속적인 회전들을 겹쳐놓았다. (s는 순환 변수이므로 s대신에 모듈 L로 나타낼수 있다.) 만약 링에서 저장되어 회전하고 있는 단일 전자를 관측하였다면 보게 될 몇 가지 아이디어를 이 그림은 줄 수 있다.

베타트론 운동의 한 가지 중요한 특징은 그림 2.6(d)에서 명확하다. 각 물리적인 방위각 위치에서 순회하고 있는 전자의 변위 x는 $\cos(\phi-\theta)=1$으로 놓음으로써 얻어진 극값 $X(s)$보다 항상 작게 된다는 것이다 : 즉,

$$X(s)=a\sqrt{\beta(s)} \tag{2.50}$$

저장된 단일 전자의 완전한 궤도는 언제나 $\pm X(s)$에 의해 정해진 엔벨로프안에 있을 것이다. 주어진 진동 진폭으로 전자를 포함하도록 요구된 구경은 $X(s)$로써 링 주위에서 변화한다. 두 지점 s_1과 s_2에서 엔벨로프 폭의 비는 다음과 같다.

$$\frac{X_2}{X_1}=\left(\frac{\beta_2}{\beta_1}\right)^{1/2} \tag{2.51}$$

각 물리적 방사각 위치에서 저장링에 저장된 전자는 최대값 근처의 변위를 가지며 빈번히 지나갈 것으로 예상된다.

지금부터는 베타트론 궤적의 기울기, $x'=dx/ds$를 살펴보자. 식 (2.46)의 미분을 취하고서, 다음처럼 쓸 수 있다.

$$x'=-\frac{a}{\sqrt{\beta}}\sin(\phi-\theta)+\frac{\beta'}{2\beta}x \tag{2.52}$$

첫번째 항은 위상의 변화, 두 번째 항은 β의 변화에서 나온 결과이다.

x'의 근들, 즉 x의 피크값들은 $\cos(\phi-\theta)=1$ 일 때 일어나지 않는다는 점에 주의한다. 오히려 다음조건에서 얻어지며

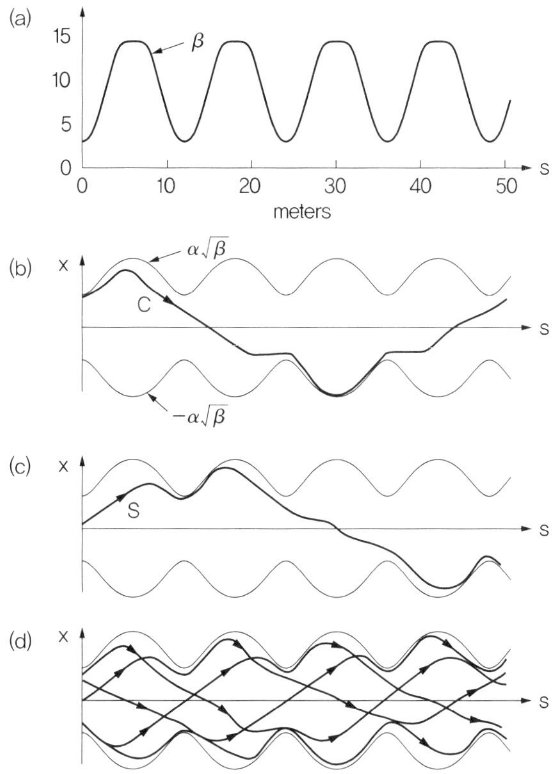

그림 2.6 (a) 베타트론 함수 (b) $s=0$에서 코사인 같은 궤적 (c) $s=0$에서 사인 같은 궤적 (d) 여러번의 연속적인 회전상들에서의 하나의 궤적

$$\tan(\phi-\theta)=\beta'/2 \tag{2.53}$$

다음을 의미한다.

$$\cos(\phi-\theta)=\left\{1+\frac{\beta'^2}{4}\right\}^{-1/2} \tag{2.54}$$

만약 진동의 특정 순환의 피크가 어떤 s에서 일어난다면, 그 피크 변위는 다음과 같이 그림 2.7을 보아라.

$$x_{peak}=a\sqrt{\beta}\left[1+\frac{\beta'^2}{4}\right]^{-1/2} \tag{2.55}$$

고전적인 조화 진동에서 진폭은 운동 불변량이다. 진폭의 제곱은 진동자의 에너지에 비례하고, 순간적인 위치와 속도의 이차 함수로 표현될 수 있다. 유사-조화 진동자의 대응하는 불변량은 상수 a이다.

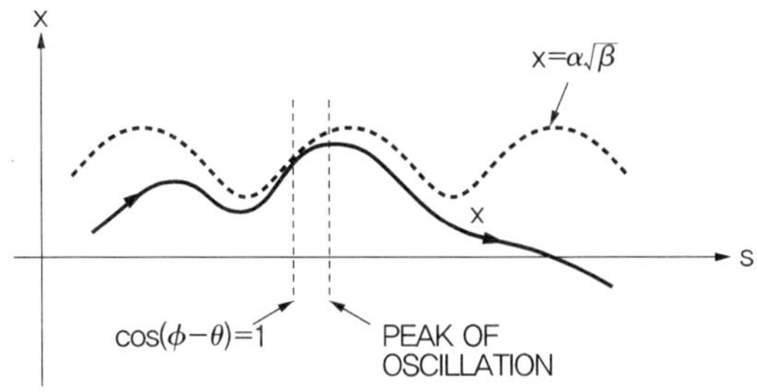

그림 2.7 베타트론 진동의 특별한 사이클에서의 최대값

만약 식 (2.46)과 식 (2.52)에서 사인과 코사인 항을 분리하여 제곱해서 합다면, a^2을 x 및 x'에 다음처럼 관련지을 수 있다.

$$a^2 = \frac{x^2}{\beta} + \beta\left(x' - \frac{\beta'}{2\beta}x\right)^2 \tag{2.56}$$

만약 x와 x'을 어느 방위각 위치 즉, s_1에서, 알 수 있다면, a는 얻어질 수 있고 이후의 모든 변위들은 다음처럼 표현될 수 있다.

$$x = \frac{1}{\sqrt{\beta_1}}\left\{x_1^2 + \left(\beta_1 x'_1 - \frac{x_1\beta'_1}{2}\right)^2\right\}^{1/2} \sqrt{\beta}\cos(\phi - \theta) \tag{2.57}$$

위상 상수 θ는 또한 x와 x'으로부터 결정됨에 틀림없으며 다음으로부터 얻을 수 있다

$$\tan(\phi_1 - \theta) = -\frac{\beta_1 x'_1}{x_1} + \frac{\beta'_1}{2} \tag{2.58}$$

여기서, $\phi_1 = \phi(s_1)$이다.

흔히, 연이은 회전상의 어느 물리적 방위각에서 얻을 수 있는 $X(s)$의 최대값에 관심을 갖는다. 이 최대값은 θ와는 무관하고 식 (2.57)에 있는 코사인 항을 1로 놓으면서 얻어진다.

$$X(s) = \frac{1}{\sqrt{\beta_1}}\left\{x_1^2 + \left(\beta_1 x'_1 - \frac{x_1\beta'_1}{2}\right)^2\right\}^{1/2} \sqrt{\beta(s)} \tag{2.59}$$

만약 β가 모든 위치에서 비슷하다면 - 어떤 전형적인 값 β_n에서 별 차이가 나지 않는 - 그때 어떤 갑작스런 횡 방향 변위 δx로부터 나타나는 피크 진폭은 δx와 같을 것이다. 그리고 기울기를 $\delta x'$만큼 변화시키는 어떤 갑작스런 횡 방향 충격량으 로부터 나타나는 진폭은 대략 $\beta_n \delta x'$에 비례할 것이다. 일반적으로, 교란에 의해 결과적으로 나

타나는 진폭들은 β가 작을수록 적게 될 것으로 예상된다. 사실상 $1/\beta$는 횡방향 집속의 "세기"의 측정으로 고려 될수 있으며, 작은 β 값들이 일반적으로 바람직하다. 이 주제에 대해서는 나중에 더 알아보기로 한다.

2.7 | 베타트론 수

전자가 어떤 방위각 위치 s_o에서 시작하여 저장링을 1회전할 때, 진동 위상 $\phi-\theta$는 다음과 같이 진행한다.

$$\int_{S_0}^{S_0+L}\frac{ds}{\beta}$$

β의 주기성 때문에 이 적분은 모든 s_o에 대해 같다 : 어떠한 1회전에서도 위상은 같은 양만큼 증가한다. 이 위상 진행은 저장링에서 중요한 파라미터이며 흔히 $2\pi\nu$로 씌여진다 ; ν는 베타트론 수라고 불리운다.

$$\nu=\frac{1}{2\pi}\int_{s}^{s+L}\frac{ds'}{\beta}=\frac{1}{2\pi}\int_{0}^{L}\frac{ds}{\beta}=\oint\frac{ds}{\beta} \tag{2.60}$$

(전체 링에 대한 어떤 적분을 나타내기 위하여 완전 적분 기호 $\oint$를 사용한다.)

두 진동 좌표 x 및 z에 대한 베타트론 수는 $-\nu_x$ 및 ν_z로 씌여진 - 일반적으로 다르며 두 베타트론 함수 β_x 및 β_z 로부터 유도된다. ν_x 및 ν_z 모두 전형적으로 근접한 큰 숫자가 아니며 1/4 정수값을 갖지 않는다 - 2.78 혹은 5.15처럼. ν를 계산하는 다른 방식들은 2.10 절에서 다루어진다.

베타트론 궤적이 일그러진 비 주기적 진동일지라도, 어떤 특정한 방사각 위치에서 저장된 전자들의 연속적인 운동을 관측한다면, 그 변위는 간단한 정현법칙을 따른다는 것을 알수 있다. 관측점을 s_o로 하고 이 방사각 위치를 지나가는 연속적인 회전을 j=0, 1, 2, 3...로 하자. ϕ_o를 초기 위상이라 하고 각 연속적인 회전에서 위상은 $2\pi\nu$만큼 증가한다 ; j 번째 회전에서 그 위상은 $2\pi\nu j+\phi_o$가 될 것이다. 그리고 변위는 다음과 같이 된다.

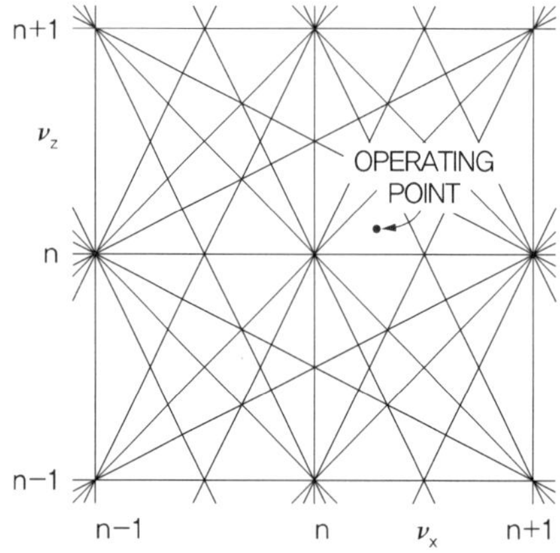

그림 2.8 ν_x 및 ν_z 다이아그램상 저 차수의 공명선들

$$x_j = a\sqrt{\beta_o}\,cos(2\pi\nu j + \phi_0) \tag{2.61}$$

진폭인자 ($a\sqrt{\beta_o}$)는 상수이며 ($\beta_o = \beta(s_o)$), 샘플된 각 회전에서 변위는 단정현 진동의 샘플로써 변화한다.

각 회전에 대한 시간은 상수이므로, 즉 $\frac{L}{c}$, j번째 회전시 걸리는 시간은 $t_j = \frac{L}{c}j$; 혹은

$$2\pi j = w_r t_j \tag{2.62}$$

여기서

$$w = 2\pi c/L \tag{2.63}$$

는 전자의 회전 각주파수이다. 이때 식 (2.61)은 고정된 s에 대해

$$x_s(t_j) = a\sqrt{\beta(s)}\,cos(\nu\omega_r t_j + \phi_{0s}) \tag{2.64}$$

특정한 방위각 위치에서 관측할 때 횡방향 운동은 주파수 νw_r에 있는 - 일반적으로 베타트론 주파수로 불리운다 - 샘플된 단조화 진동으로부터 분간할 수 없다.

식 (2.61)을 보면, 각 방사각 위치에서 x는 최대값인 $X(s) = a\sqrt{\beta_s}$를 갖는다는 앞절에서의 언급이 맞다는 것을 알 수있다. 만약 ν가 정수가 아니면, 혹은 ν와 정수사이의 차가 분수가 아니면 어떤 고정된 점에서 연속적인 회전시의 위상은 0과 2π 사이의 값들을 갖는다. 그리고 변위는 각 방위각 위치에서 피크값 X를 갖게된다.

저장링에서 베타트론 수 ν에 대해 가장 주요한 의미는 ν가 어떤 값들을 갖을때 일

어나는 교란하는 공명들의 존재에 관련된다. 예를들면, ν가 정수라면, 베타트론 진동은 이상적으로 주기적이 된다 - 매 회전 같은 궤적을 반복한다. 하지만, 자기장에서 매우 작은 결함은 진동 주파수와 등시성인 섭동으로써 작용한다. 등시성 섭동은 진동의 공명 여기를 이끌며 진폭의 지수적인 증가를 가져온다. 이 경우 안정한 진동을 가져오지 않는다 (다른 방식으로 말해서, 실제 가속기의 베타트론 함수는 정의 되지 않을 것이다). 이후에 보듯이, 다른 공명들은 또한 ν의 반 정수에서 발생한다. 혹은 ν와 정수사이의 차가 분수일 때 비선형 영향이 고려된다면 공명이 발생한다.

물론 공명은 지름방향과 수직방향 베타트론 진동들 모두에서 피해져야 한다. ν_x와 ν_z가 다음 조건을 만족할 때 어떤 종류의 공명들이 발생할 수 있다는 것이 판명된다.

$$m\nu_x + n\nu_z = r \tag{2.65}$$

여기서, m, n, r은 정수이다. 중대한 영향들은 m, n, r이 작은 값인 0, 1, 2, 3을 갖는 낮은 차수공명에 대해서 일반적으로 관측된다. 저장링의 운전점은 ν_x와 ν_z 모두에 의해 특징지워지며 중대한 공명들을 피하도록 선정되어야 한다. 공명관계 (2.65)은 (ν_x, ν_z) 다이아그램에서 선들을 정의한다. 몇 가지 경우가 그림 2.8에서 보여지며 하나의 가능한 운전점이 또한 표시되었다. ν_x와 ν_z가 같거나 두 값이 정수만큼 차이가 나는 특별한 공명 조건에 대해, 수평 방향과 수직 방향 진동간에는 강한 결합이 있게 된다. 그런 공명에서, 완전히 독립적인 진동들은 더 이상 유효하지 않으며, 운동은 더 복잡해진다. 때때로 저장링은 수직방향 진동의 진폭을 증가시키기 위해서 에너지를 지름 방향 진동에서 수직방향으로 줌으로써 고의적으로 이러한 공명 또는 결합 공명 근처에서 운전되도록 한다.

위험한 공명들을 피하기 위하여, 실제의 운전점은 정해진 것에 매우 근접하게끔 하는 것이 필요하다 - 그림 2.8에서 명확한 것처럼. 자석 결함들은 일반적으로 ν 그 자체에 비례하는 ν의 변이를 일으킨다. 큰 베타트론 수를 갖는 저장링은 민감한 장치로 되기 쉽다. 저장링 설계자들이 2와 6사이의 ν 값들을 선정하는 경향은 이 이유들중 하나이다.

2.8 | 베타트론 진동의 근사적인 해석

많은 목적을 위해서 베타트론 운동을 단조화 진동으로 근사화하는 것은 편리하며 또한 충분하다. 다음의 진동을 고려하자.

$$x = A\cos\left(\frac{s}{\bar{\lambda}} - \theta\right) \tag{2.66}$$

$\bar{\lambda}$는 상수 ("축소된 파장") 이다. 하나의 완전한 진동에서는 s가 한 파장 $2\pi\bar{\lambda}$ 만큼 진행한다. 식 (2.46)의 유사 조화진동을 국부적으로 변하는 축소된 파장을 갖는 사인파로 고려하는 것은 분명히 편리하다 - 진폭변화를 무시할 수 있다면. β가 크게 변하지 않는 한, 적당한 파장 $\bar{\lambda}$의 선정으로 식 (2.66)의 형태를 사용한다면 실제 운동에 적절한 근사를 갖는 것으로 기대된다. β_n을 1회전에서 실제 β와 같이 같은 위상 변화 식 (2.47)를 주는 상수로 가정하자. 즉, β_n을 다음과 같이 정의한다.

$$\oint \frac{ds}{\beta} = \frac{L}{\beta_n} \tag{2.67}$$

β_n을 β의 대표값이라 한다. 이때 진동은

$$x = A\cos\left(\frac{s}{\beta_n} + \theta\right) \tag{2.68}$$

,$A = a\sqrt{\beta_n}$ 로, 각 회전시 실제 궤적과 일치하며 평균적으로 실제의 진동과 같은 위상에 유지한다. 식 (2.68)로부터 얻은 근사치와 함께 그림 2.6의 궤적들 중 하나를 그림 2.9에 보이고 있다. 많은 목적상, 이 근사는 매우 적당하다.

식 (2.67)에 의해, $1/\beta_n$은 저장링 주위에서 $1/\beta$의 평균으로 간주하는 것이 편리하다.

$$\frac{1}{\beta_n} = \left\langle \frac{1}{\beta} \right\rangle \tag{2.69}$$

식 (2.60)의 ν 정의로 부터

$$\frac{L}{\beta_n} = 2\pi\nu \tag{2.70}$$

이고, 흔히 저장링의 반경 R은 다음과 같이 정의하며,

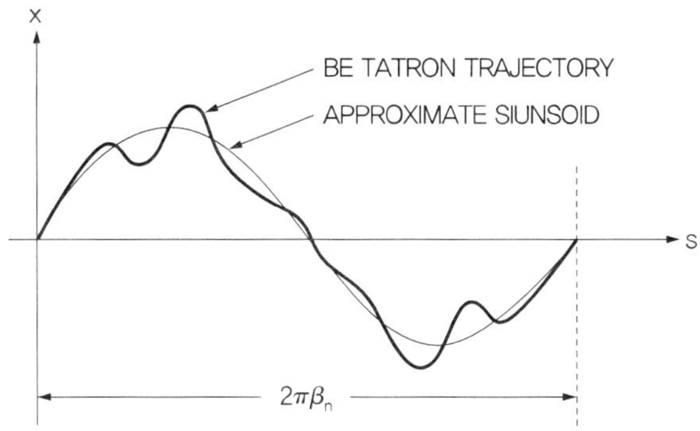

그림 2.9 베타트론 궤적의 근사화

$$2\pi R = L \tag{2.71}$$

그때

$$\beta_n = \frac{R}{\nu} \tag{2.72}$$

이다. (β의 변조가 매우 크지 않는다면 β의 평균과 크게 다르지 않을지라도 β_n은 β의 평균과 같지않다.)

식 (2.68)의 근사적인 궤적의 시간-변화는 간단히 다음과 같게된다

$$x = A\cos(\nu\omega_r t - \theta) \tag{2.73}$$

이것은 w_r의 정의를 c/R 로 그리고 식 (2.78)을 사용함으로써 나타난다. 각 주파수 νw_r은 베타트론 주파수로 불리우며 w_β로 쓰인다. 근사적인 궤적은 하나의 고정된 방사각 위치를 지나치면서 관측 될때, 시간 변화는 실제의 궤적과는 분간 가능하지 않다 - 식 (2.64)와 비교하시오.

본 절에서의 근사적인 기술은 저장링 영향들의 많은 계산에 적당할 뿐 아니라, 저장된 많은 전자수를 포함하는 집단 영향들의 해석을 위해 단지 다루기 쉬운 접근법을 제공한다.

2.9 | 베타트론 함수의 특성

저장링 설계자는 적절한 베타트론 함수 $\beta(s)$를 제공하는 자석 설계를 찾는 데 많은

노력을 기울인다. 일반적으로 이용자는 저장링의 설계대로 베타트론 함수가 얻어질 것으로 기대할 수 있다. 여기서는 "올바른" $\beta(s)$를 제공하는 설계에 도달하기 위한 기술적으로 복잡한 문제로 가고자 하지는 않지만, $\beta(s)$가 주어진 자석의 파라미터들에 대해 어떻게 계산되는가에 대한 아이디어를 주고자 한다.

바람직한 $\beta(s)$의 형태는 무엇인가? 적어도 어떤 관점에서 β가 상당히 일정하다면 작은 β값들 (강한 집속)이 바람직하다는 것을 2.7절의 끝부분에서 이미 확인했다. 유감스럽게도, 작은 β값들은 교대적인 구배 집속을 통해서만 오직 얻을 수 있는데 이는 β에 큰 변조를 줄수있다. 또한, 2.8절에서 언급한 바와같이, 더 작은 β는 더 큰 ν값을 의미하며, 공명에 더 큰 어려움을 가져오게한다. 대부분의 저장링에서 전형적인 β값은 평균 반지름 R의 분수(1/2 또는 1/6)값을 갖도록 하며, 너무 극단적인 β값을 가지지 않도록 한다.

2.6절에서 베타트론 함수 $\beta(s)$는 그의 제곱근 $\zeta(s)$가

$$\zeta'' = K(s)\zeta + \frac{1}{\zeta^3} \tag{2.74}$$

를 만족하는 일가 연속 함수로 정의되었으며, 여기서 $K(s)$는 자석 집속 함수이다. 전형적인 현대의 저장링은 함수 $K(s)$가 상수, 양수, 음수 또는 0의 값을 가지는 일련의 구간들로 이루어져 있다. 한 예시가 그림 2.5(a)에 주어져 있으며, 이것에 대응하는 $\beta = \zeta^2$가 그림 2.6(a)에 나타나있다.

$\zeta(s)$는 비선형 항 $1/\xi^3$을 포함하고 주기적이 되어야 한다는 요구사항은 고유한 특징을 부여한다 - 스케일을 포함하고서. 함수 $\zeta(s)$는 식 (2.74)의 고유함수이며, 비선형성 때문에 진폭에 대한 임의의 규격화는 없다.

차원적인 논의로부터 ζ는 $|K|^{-1/4}$로 스케일 되어야 하며 또는 β는 $|K|^{-1/2}$으로 스케일 해야함을 기대할 수 있다. ($1/\beta$이 진동자의 "진동수"와 같다고 하면 이는 "복원력 상수"의 제곱근이 됨을 기대할 수 있다. 자기장의 주어진 기하학적 구조에서, 이러한 스케일 법칙은 거의 사실이다. 사실, 만약 집속 기하학적 구조의 스케일 길이가 $|K|^{-1/2}$로 된다면, 일반적으로 잘 설계된 자기장에 대해 사실인 것처럼, 이것은 사실상 엄격히 맞는다.

$K(s)$가 상수인 구간에서, 식 (2.74)는 오직 선형적 "복원력" $-K\zeta$ 와 "반발하는 중심력" $1/\zeta^3$에 의해서 영향을 받는 입자의 일차원 운동방정식의 형태를 갖는다. 또는

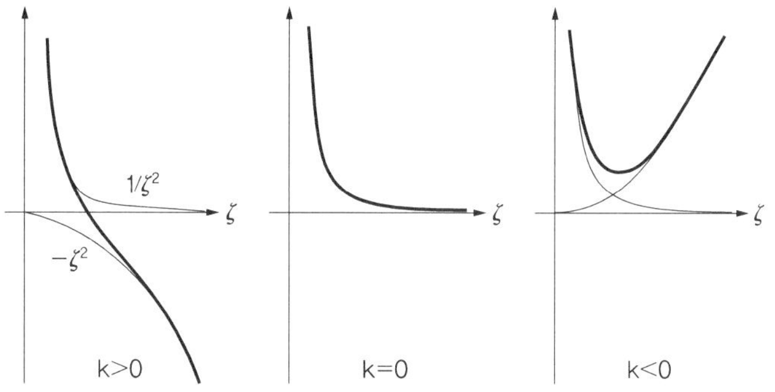

그림 2.10 ζ에 대한 유효 "포텐셜" 함수.

원하는 경우,

$$-K\zeta^2+\frac{1}{\zeta^2}$$

에 비례하는 포텐셜 에너지로 운동하는 입자의 운동방정식이 된다. (두 번째 항은 원심 장벽과 같다!!) $K>0, K=0$, 그리고 $K<0$인 경우에 대한 유효 포텐셜의 형태가 그림 2.10에 나타나있다. $K\geq 0$인 영역에서 ζ (모델 입자의 변위)에서 가속은 항상 양수이며; ζ는 항상 더 큰 값으로 움직인다. 물론 또한, 만약 ζ의 원점으로 향하는 초기속도를 가진다면 ζ는 다시 되돌아간다. 양수인 K의 경우, 큰 ζ에서 추진력은 K의 크기에 비례한다. 반면에, $K<0$ 영역에서는 안정한 포텐셜 벽이 있을 것이고, ζ가 클 때는, 원점을 향하는 추진력이 항상 있다.

$\zeta(s)$가 영역 안쪽으로(원점을 향하여) 들어가는 $K>0$ 경우에 "안정한" 해들이 존재할 것이라는 사실과 $\zeta(s)$는 "반발"에 의해서만 되돌아가며 $K<0$인 영역에서 인력에 의해 다시 안쪽방향으로 되돌아 간다는 사실은 정량적으로 분명하다.

그림 2.11(a)과 같은 주기적인 $K(s)$인 경우, (b)에서 그려진 것과 같은 해 $\zeta(s)$을 가질 것으로 예상한다. 이 해는 함수 $\zeta(s)$의 중요한 일반적인 특징을 보여준다 : 최소값은 집속 부분 ($K<0$인 영역)에서 나타나고 최대값은 발산 또는 중립적인 부분 ($K\geq 0$)에서 나타난다.

서로 다른 K의 값들을 갖는 구간에 대해, 만약 K의 크기가 커진다면, 진폭의 변조는 더 급격히 커질 것이라는 사실 또한 분명하다. 조금 덜 명백한 점으로 K의 크기가 증가할수록 마침내 "안정한" (즉, 주기적인) 해가 더 이상 $\zeta(s)$에 대해 존재하지 않는

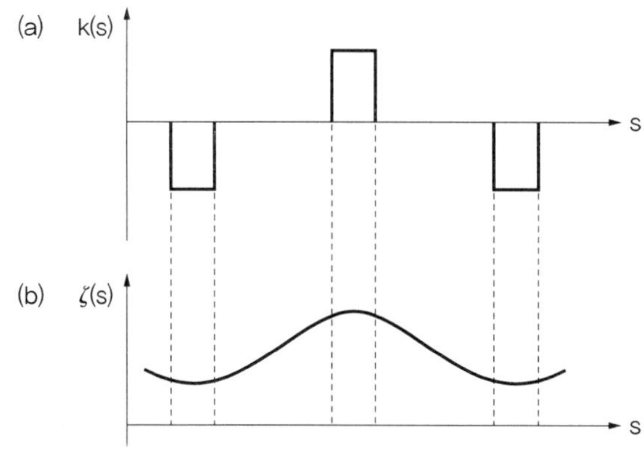

그림 2.11 주기적인 집속 함수 $K(s)$를 가진 함수 $\zeta(s)$의 형태.

다는 것이 있다. 따라서 집속 세기 (K의 크기)와 구성 성분의 공간은 저장링 격자구조와(구성품의 기하구조를 나타내는 용어) 함께 조정되어야 한다.

궁금증이 발생할 수도 있다. : "왜 모든 s에서 $K<0$ 을 갖지 않는가? 분명히 $\zeta(s)$의 안정성은 보증된다." 하지만 저장링에서 횡축방향 운동의 한 좌표(x)에 대해 K가 음수일때 다른 방향 운동좌표(z)에 대한 K는 양수-반대 경우도 마찬가지 - 인 사실을 잊지말라. 식 (2.21)과 (2.22)를 기억하라. 교대적인 구배에 대한 필요성은 분명하다.

$\zeta(s)$의 변조들은 (그리고 또한 $\beta(s)$의 변조) 두 좌표 x와 z에서 "어긋나는 위상"이 되며, 하나의 좌표에서 ζ가 최댓값이면 다른 좌표에서의 ζ는 최소가 된다.

비록 $\zeta_x(s)$와 $\zeta_z(s)$의 형상이 완전히 유사하다는 점은 일반적으로 사실이 아닐지라도 어긋나는 위상 형상은 - 다소 복잡한 집속 격자구조 경우에서도 - 아주 일반적이다. 그림 2.12에서 그림 2.4의 주기적인 격자구조에 대한 두 함수 ζ_x와 ζ_z를 나타낸다. 베타트론 함수 $\beta(s)$를 2.6절에서 정의된 사인형태 궤적과 관련시키는 것은 유익하다. 방위각 s_0와 관련된 사인형태 궤적 $S(s,s_0)$는 변위가 0이며 단위 기울기를 가지고 s_0에서 출발하는 궤적을 나타낸다. 이것은 $a=\sqrt{\beta(s_0)}$와 $\vartheta=\pi/2-\phi(s_0)$로 놓음으로써 유사-조화 진동 식 (2.46)의 견지에서 표현될 수 있다.;

$$S(s,s_0)=\sqrt{\beta(s_0)\beta(s)}\,sin\int_{s_0}^{s}\frac{d\bar{s}}{\beta(\bar{s})} \tag{2.75}$$

($S(s,s_0)=0$와 $S'(s,s_0)=1$임을 확인할 수 있다.) 한 회전에 - 즉 $s=s_0+L$ - 대해서 사인형 궤적을 취하면 무엇이 일어나는지를 고려해보자. 식 (2.60)에 의해 이 적분은

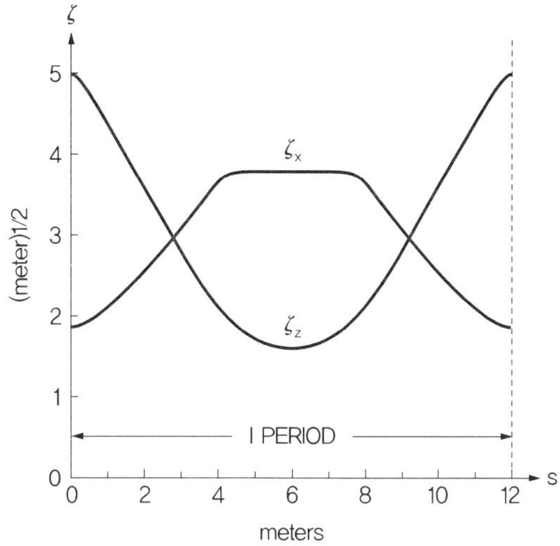

그림 2.12 그림 2.4의 자기장에 대한 함수 ζ_x와 ζ_z.

$2\pi\nu$가 된다. 베타트론 함수의 주기성 때문에, $\beta(s_0+L)=\beta(s_0)$이다. 따라서

$$S(s_0+L, s_0)=\beta(s_0)\sin 2\pi\nu \tag{2.76}$$

이고 ν는 s_0에 독립적이므로,

$$\beta(s)=\frac{S(s+L, s)}{\sin 2\pi\nu} \tag{2.77}$$

과 같이 쓸 수 있다. s에서 베타트론 함수는 s에서 시작하는 사인형 궤적의 1회전 후의 변위이다, 상수 내에서. 그림 2.13을 보아라.

$\beta(s)$를 찾는 또 다른 방법이 있다. 한 가지 방법은 s에서 시작해서 1회전 한 후의 사인형 궤적을 직접 계산할 필요가 있다. 얻어진 변위들은 $\beta(s)$에 비례한다. "규격화"

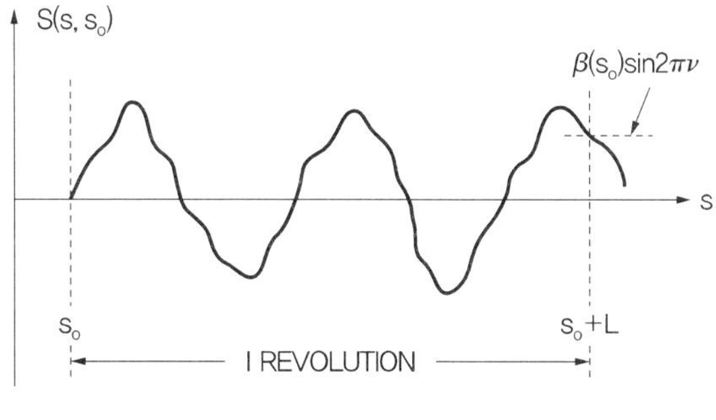

그림 2.13 $S(s, s_0)$와 $\beta(s_0)$의 관계

인수 $1/2\pi\nu$를 결정하는 것만이 남아있다. ν의 정의 식 (2.60)과, 식 (2.77)를 이용해서, 초월함수

$$\frac{2\pi\nu}{\sin 2\pi\nu} = \oint \frac{ds}{S(s+L,s)} \tag{2.78}$$

의 해로서 ν를 얻을 수 있다. 따라서 모든 s에 대한 주어진 $S(s+L,s)$에 대해서 $\beta(s)$값을 유일하게 결정할 수 있다.

$S(s+L,s)$의 계산은 운동 방정식의 수치적 적분에 의해 수행될 수 있다. 또는, 부분적으로 균일한 자기장의 경우, 2.5절에서 언급한 행렬 방법을 이용하여 얻을 수 있다. 식 (2.37)을 회상하여, s_0에서 s_0+L까지 사인형 궤적은 각 방위각 s_0에서 시작해서 완전한 링을 위한 전송 행렬 $M(s,s_0)$의 오른쪽 상단 요소이다.

ν는 완전한 저장링에 대한 행렬의 트레이스(대각 요소들의 합)로부터 얻을 수 있다. 즉

$$\cos 2\pi\nu = \frac{1}{2} Tr\, M(s+L,S) = \frac{1}{2}\{C(s+L,s) + S'(s+L,s)\} \tag{2.79}$$

이며, 여기서 C는 코사인형 함수이다. 따라서, 만약 S뿐만 아니라 C와 S'이 계산되어지면, ν는 결정될 수 있고 식 (2.77)은 바로 $\beta(s)$값을 줄 것이다.

비록 β에 대한 미분방정식을 제곱근 ζ의 관점에서 표현하는 것이 더 편리할지라도 β의 형태로 직접적으로 쓸 수 있다. 식 (2.74)는

$$\frac{1}{2}\beta\beta'' - \frac{1}{4}\beta'^2 + K(s)\beta^2 = 1 \tag{2.80}$$

로 쓸 수 있다. 이 형태는 확실히 덜 편리하다. 그러나 다음의 설명을 위해 이것을 사용할 수 있다.

$K(s)=0$인 자기장이 없는 영역에서, 식 (2.80)의 해는

$$\beta = \beta_0\left\{1 + \frac{(s-s_0)^2}{\beta_0^2}\right\} \tag{2.81}$$

이고, 여기서 s_0와 β_0는 적절한 상수들이다. 만약 자기장이 없는 영역에서 β가 최소값을 가지면 β_0와 s_0는 그 최소값에서의 β와 s의 값들이다. 일반적으로, 충돌하는 두 빔의 교차 지점은 β가 최소값이 되는 대칭점에서 발생한다. 그러면 식 (2.81)은 교차점 부근에서 $\beta(s)$의 형태를 나타낸다. 그 형태가 그림 2.14에서 나타나 있다. 이차항의 계

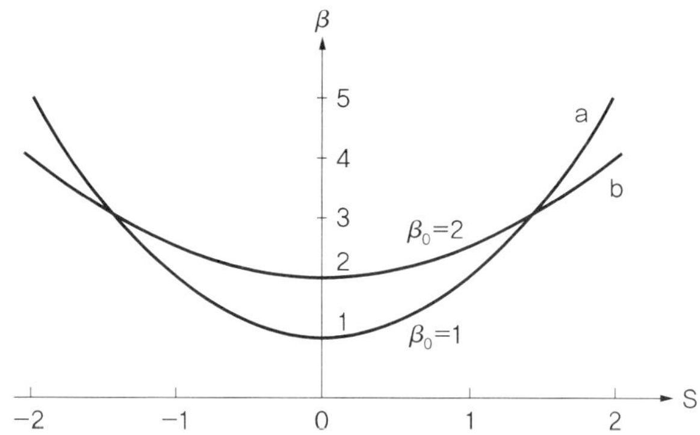

그림. 2.14 긴 자기장이 없는 구간에서 발생하는 최소값 근처에서 β값의 변화

수는 최소지점에서의 β값의 단지 역수이다. β_0가 작아질수록, 최소 지점으로부터의 거리 증가와 함께 β의 증가는 더 급격해진다.

마지막으로, K값이 크고 β'가 크지않는 구역에서 식 (2.80)은

$$\beta'' = -2K\beta \tag{2.82}$$

로 근사화 될 수 있다. 이때 β는 K의 부호에 따라서 사인 곡선이거나 지수형태가 된다.

2.10 | 왜곡된 폐궤도

지금까지 명확히 규정되어진 자기장 내에서의 전자들의 궤도를 고려하여 왔다. 다음 질문을 고려해 보자 : 다음처럼 규정된 자기장에서 전자의 궤적을 분석한다고 가정해 보자 : 상기 규정된 자기장에서 약간의 오차를 가질 경우 궤적은 어떻게 달라 지는가? 선형 근사에서, 규정된 - 또는 기준 - 자기장은 이상적인 궤도상에서의 값과 지름 방향의 기울기값을 줌으로써 명시되었다. 2.3절을 보아라. 또한 이상적인 궤도에서 자기장은 모든 곳에서 수직방향이라고 가정했다. 여기서 기준 자기장에서 작은 변동에 의한 영향을 살펴보자. 만약 이상궤도에서 수직 방향 자기장이 기준 값과 다르거나 몇몇 작은 수평방향 자기장이 있다면, 횡 방향 가속은 전자를 설계 궤도상에서 유지하게 하는 것과는 다르게 될 것이다. 설계 궤도에서 자기장의 변동을 자기장 에러로 불리운다. 집속 함수들 K_x 및 K_z를 기준 값과는 다르게 만드는 자기장에서의 변화를 “구배 에러”

라 부른다.

자기장 에러가 있을 때, 설계궤도는 더 이상 가능한 궤적이 아니다. 만약 그 에러가 작으면 기준 에너지를 가진 전자에 대해 가능궤도인 다른 폐궤도가 있게 된다. 이 궤적을 "왜곡된 폐궤도"라 부른다. 일반적인 궤도는 이 왜곡된 폐궤도 대한 베타트론 진동을 실행한다. 이 베타트론 진동의 형태는 수정된 집속함수에 의해 결정된다. 즉, x를 원래의 설계 궤도로부터 변위로 나타낸다면, 다음과 같이 쓸 수 있다.

$$x = x_c + x_\beta \tag{2.83}$$

여기서 x_c는 이상궤도로부터 왜곡된 폐궤도의 변위이며, x_β는 왜곡된 폐궤도 주위에서의 "자유 베타트론 진동이다.

만약 폐궤도의 변위가 작다면, 자기장 변화에 대해 가정된 선형성은 베타트론 진동들이 설계궤도에 대해서 진동하는 것과 같이 왜곡된 폐궤도에 대해서도 같은 진동을 한다는 것을 의미한다. 따라서, 자기장 에러에 의해 발생한 폐궤도의 왜곡과 구배 에러에 의해 발생한 베타트론 진동에 교란을 따로 고려해야 한다. 그리고 식 (2.83)은 지금까지 설계궤도에 대해 사용했던 방법들로 계산된 폐궤도 왜곡 x_c와 자유 베타트론 진동 x_β의 중첩으로써 설명될 수 있다.

자기장 에러의 영향부터 살펴보자. 작은 방사각 구간 Δs 에만 존재하는 자기장 에러의 영향을 고려함으로써 시작하자. 이 에러의 위치를 $s=0$로 놓는다. Δs 를 지나갈 때 변위 x는 변화하지 않고 기울기 x'는 다음의 양만큼 변한다.

$$\Delta x' = -ec\frac{\delta B}{E_0}\Delta s,$$

δB는 기준값에 대하여 벗어난 자기장 값이다. 수직방향에 대해서는, 만약 δB가 설계궤도에서 전체 지름방향 자기장과 같다고 확인된다면 같은 형태를 갖게 될것이다 (적절히 선택된 부호로). 식 (2.3)의 정의를 유지하면서, 수평과 수직방향의 운동을 고려할 때는 적절한 x와 z의 첨자를 넣어서 $ec\delta B/E_0 = \delta G$로 표현할 수 있다. 모든 첨자가 복원될 때 모든 결과는 똑같이 x-운동과 z-운동에 적용한다는 이해로 x-운동만 고려할 수 있다. Δs에서 존재하는 자기장 에러의 영향을 다음과 같게 된다.

$$\Delta x' = -\delta G \Delta s \tag{2.84}$$

s 에서 자기장 에러는 $x'' = \Delta x'/\Delta s$ 에 δG 항을 추가한다. 따라서 운동방정식에 구동력 $\delta G(s)$ 을 추가하는 것과 같다. 식 (2.31)에 새로운 힘 항을 추가해서 x_c 의 완전한 운동 방정식을 얻게 된다.

$$x'' = K(x)x + \delta G(s) \tag{2.85}$$

왜곡된 폐궤도의 변위 x_c 는 각 물리적인 방위각에서 단 하나의 값을 갖는 이 운동 방정식의 해이다.

2.9절에서 설명한 베타트론 운동의 근사적인 조화형태를 사용하여 $s = 0$ 에서의 국부적인 자기장에서의 영향을 평가할 수 있다. 전자가 설계궤도를 따라 운동하는 전자의 모멘트를 고려하자 - 그래서 기울기 x' 가 0 이 된다. 전자가 $s = 0$ 에 도달할 때, 전자의 기울기는 급격히 $\Delta x'$ 으로 변한다. 그림 2.15를 보아라. $s = 0$ 이후에 자기장 에러가 없다 (1회전 동안) 그래서 전자는 다음 진폭을 가지고 설계 궤도 주위를 진동하기 시작한다.

$$b = \lambda \Delta x' = \beta_n \Delta x' = \beta_n \delta G \Delta s \tag{2.86}$$

폐궤도의 변위 x_c 도 같은 크기를 가질 것이라고 예상한다.

x_c 의 적절한 계산을 위해서, 올바른 유사-조화 자유진동을 사용해야 한다. 변위된 폐궤도는 한 회전한 이후 위치가 되돌아오는 특정 궤적임을 기억하시오. 달리 말해서, x_c 는 반드시 각 방위각 위치 s 에서 하나의 값을 가져야 한다. 즉, $x_c(s+L) = x_c(s)$. 특히,

$$x_c(L) = x_c(0) \tag{2.87}$$

그리고 식 (2.84) 의해,

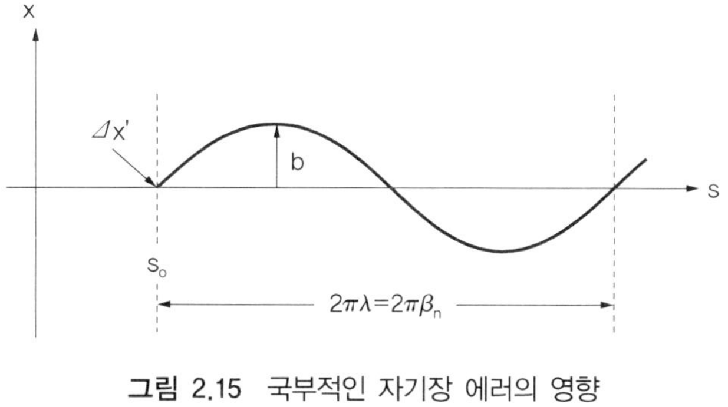

그림 2.15 국부적인 자기장 에러의 영향

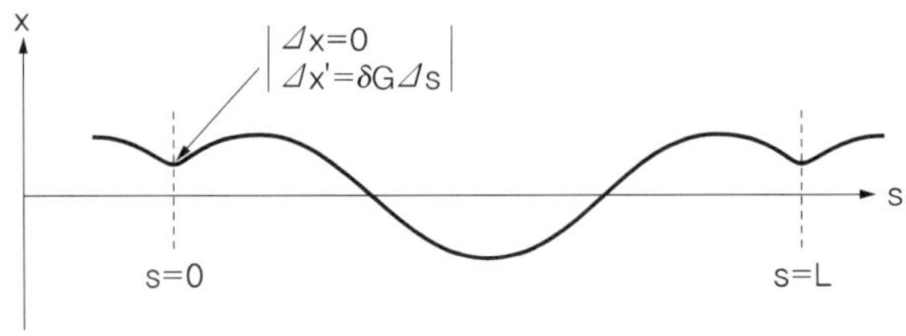

그림 2.16 $s=0$에서 자기장에러에 대한 교란된 폐궤도

$$x_c'(L)+\delta G\Delta s = x_c'(0) \tag{2.88}$$

그러나 $s=0$ 에서 $s=L$ 사이에 자기장 에러는 없다. 그래서 x_c는 오직 이상적인 궤도 주위에 대해 자유진동을 한다. 그림 2.16을 보아라. 즉, x_c는 식 (2.46) 의해 주어져야 하며 임의 상수 a와 θ가 정하여 져서 식 (2.87)과 식 (2.88)이 만족된다.

$$x_c(s)=a\sqrt{\beta(s)}\,cos(\phi-\theta),\quad s\neq 0, \tag{2.89}$$

$x'_c(s)$에 관한 식 (2.52)를 사용해서 $x(s)$ - $s=0$를 제외한 모든 곳에서 - a와 θ의 적절한 값은 다음과 같다.

$$a=\frac{\delta G\Delta s\sqrt{\beta(0)}}{2\sin(\pi\nu)} \tag{2.90}$$

$$\theta=\pi\nu \tag{2.91}$$

이때 왜곡된 폐궤도의 변위는 다음과 같다.

$$x_c(s)=\frac{\delta G\Delta s\sqrt{\beta(0)}}{2\sin\pi\nu}\sqrt{\beta(s)}\,(\cos\phi(s)-\pi\nu) \tag{2.92}$$

진폭 불변량 a의 형태는 왜곡된 폐궤도에 대한 두가지 매우 흥미있는 특징을 나타낸다. 첫 번째, 폐궤도의 변위는 모든 위치에서 자기장 에러의 세기 $\delta G\Delta s$에 비례하며 또한 에러 위치에서 베타트론 함수의 크기인 $\sqrt{\beta(0)}$에 비례한다. 왜 $\beta(s)$ - 더 정확히 $\xi(s)=\sqrt{\beta(s)}$ - 가 교란들의 민감도의 척도로 고려할 수 있는의 이유를 알수 있다.

두 번째, 베타트론 수 ν가 정수로 접근할때마다 a의 분모는 0으로 그리고 x_c는 매우 커짐에 주목하라. 이것은 운전점 (ν_x, ν_z)을 선정할 때 피해야 하는 정수 공명으로써 앞서 언급된 특성이다.

에러가 위치한 곳에서 폐궤도의 변위는 특히 간단한 형태를 가지는 것에 주목하시오. 식 (2.92)에 $s=0$를 놓고, 혹은 임의의 위치에서, 즉 s_1, Δs구간에 위치한 에러 δG로 일반화 하면 다음을 얻는다.

$$x_c(s_1) = \delta G\, \Delta s\, \frac{\beta(s_1)}{2\tan \pi\nu} \tag{2.93}$$

변위는 β의 1승에 비례한다, 그러나 같은 공명의 ν에 의존성은 탄젠트 인자임이 분명하다. 공명항인 분모를 제외하고, 이 결과는 식 (2.86)에서 주어진 평가와 일치함에 주목하라.

링 주위에 자기장 에러의 임의 분포인 $\delta G(s)$에 대한 폐궤도 왜곡을 주기 위하여 식 (2.92)를 일반화 할 수 있다. 각 방위각 위치 s에서, 모든 다른 방위각 위치에서의 에러들에 의해 발생한 폐궤도 변위는 합이 된다. $\bar{s}$에 있는 에러에 대해서 식 (2.92)에서 $s=0$ 를 $\bar{s}$로 교체해야 한다, 그리고 동시에 $\phi(s)$를 $\phi(s)-\phi(\bar{s})$로 대체해야 한다. 그때 모든 $\Delta\bar{s}$에 대해 합하면 다음을 얻는다.

$$x_c = \frac{\sqrt{\beta(s)}}{2\sin(\pi\nu)} \oint \delta G(\bar{s}) \sqrt{\beta(\bar{s})}\,(\cos\phi(s)-\phi(\bar{s})-\pi\nu)d\bar{s} \tag{2.94}$$

만약 알려진 자기장 변화 $\delta G(s)$을 가지면, 이 식은 (교란되지 않은 $\beta(s)$ 및 ν 값들로) 변위된 폐궤도의 형태를 줄 것이다.

만약 자기장 변이가 알려지지 않은 통계 분포를 갖는 에러라면, 더 복잡한 통계적 해석이 x_c의 통계적인 평가에서 행해져야 한다. 여기서는 이 주제를 다루지 않겠다.

이전에 언급했듯이 이상적인 궤도로부터 총 변위는 x_c와 자유 베타트론 진동의 합이다. 다음 절들에서 설계 궤도로부터 궤적의 총 변위를 찾을 때 x_c는 항상 더해져야 한다는 것으로 이해되고 있으므로 x_c를 무시할 것이다.

2.11 | 구배 에러들

이상적인 폐궤도 주위의 베타트론 진동들에 대해서 구배 에러의 영향들을 고려해보자. 이러한 에러들은 각 방위각 s 에서 처음 정의된 - 또는 기준 - 값으로 부터 집속 함수 $K(s)$ 의 편차들이며 다음과 같이 놓자.

$$K(s)_{actual} = K(s)_{nominal} + k(s) \tag{2.95}$$

여기에서 $k(s)$는 작은 값으로 가정한다. 편차 $k(s)$의 영향은 기준 값인 $\beta(s)$로 부터 새로운 값인 $\beta(s) + \triangle\beta(s)$로 바꿀 것이다. 그리고 베타트론 수는 기준 값인 ν으로 부터 새로운 값인 $\nu + \triangle\nu$로 바뀔 것이다.

일반적으로 튠 변이 $\triangle\nu$는 더 특별한 관심사가 된다. 공명들로부터 떨어진 운전점을 유지할 필요성이 있기 때문이다.

$\triangle\beta$의 계산은 좀 지루하기 때문에, 여기서는 장황한 유도를 하지 않겠다. 오히려 $\triangle\nu$의 간단한 계산이 어떻게 행해질 수 있는지를 보이겠다. $\triangle\beta$ 유도는 다른 교과서에서 나오고 있어서 여기서는 단지 $\triangle\beta$ 관한 정확한 결과들을 쓰도록 하자.

$s=0$인 위치에서 단지 작은 방위각 구간인 $\triangle s$에 구배 에러 k가 있다고 하자. 이때 전자가 $s=0$를 지나면서, 변위 x에 비례하는 여분의 각도 킥 $\triangle x'$ 받을 것이다. 이때 식 (2.19)로 부터 다음과 같이 된다.

$$\triangle x' = k \triangle s\, x. \tag{2.96}$$

베타트론 운동을 단조화 운동으로 다시 근사화 해보자. 그리고 전자가 $s=0$ 에서 진동의 최고점인 $s=0$에 도달할 때 무엇이 일어나는가에 대해 알아보자. 이 운동은 그림 2.17 처럼 보여 질 것이다. $s=0$에 도달하기 전에 변위는 다음과 같이 주어진다.

$$x = b \cos \frac{s}{\beta_n}; \tag{2.97}$$

$s=0$ 이후에는

$$x = (b + \triangle b) \cos (s/\beta_n + \triangle\phi) \tag{2.98}$$

여기서

$$\frac{b + \triangle b}{\beta_n} sin \triangle\phi = \triangle x' \tag{2.99}$$

작은 $\triangle x'$에 대해, $\triangle\phi$는 작으며 $\triangle b$는 b보다 $s=0$에서 훨씬 작아서 다음과 같이 된다.

$$\triangle\phi \approx \frac{\beta_n \triangle x'}{b} \tag{2.100}$$

$\triangle x'$에 대한 식 (2.96)을 사용하여 $s=0$에서 변위가 b임을 기억하고서

$$\triangle\phi = \beta_n k \triangle s \tag{2.101}$$

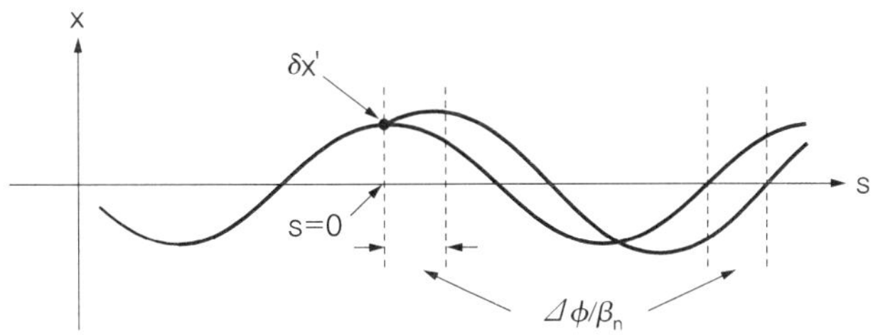

그림 2.17 $s=0$ 에서 구배 에러의 영향

이 된다. 구배 에러의 영향은 주로 진동의 위상을 $\Delta\phi$만큼 변화시킨다. $2\pi\nu$는 한 회전시 총 위상의 변화라는 것을 기억하시오. 그래서 대략적으로 구배 에러는 다음의 변화를 가져온다.

$$\Delta\nu \approx -\frac{\Delta\phi}{2\pi} = -\frac{\beta_n k \Delta s}{2\pi} \tag{2.102}$$

여기서, 총 위상은 감소되기 때문에 음 부호로 놓는다.

이러한 결과는 실제보다 2배만큼 크다. 그 이유는 $\Delta\phi$에 대해서 최대의 진폭을 갖는 $s=0$에 도달하는 전자의 경우에 계산을 했기 때문이다. 만약 전자가 위상 ϕ_0로 $s=0$에 도달하면, 위상 변화 $\Delta\phi$는 $\cos^2\phi_0$ 인자만큼 감소된다. 연속적인 회전시 ϕ_0는 여러가지 값들을 가지므로, 평균 $\Delta\phi$ 는 $\cos^2\phi_0$의 평균만큼 감소된다고 보아야하므로 그 값은 1/2이 된다. 이러한 보정으로 더 직접적인 계산에 의해 얻어진 $\Delta\nu$를 정확히 평가한다. 즉,

$$\Delta\nu = -\frac{1}{4\pi}\beta k \Delta s \tag{2.103}$$

튠 변이는 어느 지점에서의 구배 에러와 β값에 단지 비례하는 것에 주목해라. 베타트론 함수는 자기장의 결함에 국부적인 민감도의 징표임을 다시 알게된다.

만약 저장링 주위에 분포된 구배 에러 $k(s)$가 있다면, 전체 튠 변이는

$$\Delta\nu = -\frac{1}{4\pi}\oint \beta(s)k(s)ds \tag{2.104}$$

예전에 $\Delta\nu$가 ν로 스케일 될 수 있음을 말한 적이 있으며 따라서 큰 ν 값들은 피해야 한다. 그렇게 됨을 확인하기 위하여, 2.10절에서 β가 대략 $|K|^{-1/2}$로 됨을 회상하라(2.10절로부터). 그때 ν는 $|K|^{1/2}$ 로 스케일이 된다. 식 (2.104) 로부터, $\Delta\nu$은 $k\beta$로 스

케일이 되어서 $\Delta\nu/\nu$은 k/K로 스케일이 된다. 구배 에러들의 주어진 상대적인 크기에 대해, 튠 변이 $\Delta\nu$는 ν에 비례한다. 그러나 공명들 사이의 간격은 ν에 무관해서 큰 ν 값들은 더 섬세한 가속기를 의미한다.

ν의 변화는 위의 간단한 계산에서는 명확하지 않는 β에 변화가 있어야 함을 의미한다. 여기서는 $\Delta\beta$의 표현식만 쓰고 몇 가지 부연 설명만 하겠다.

$$\Delta\beta(s) = \frac{\beta(s)}{2\sin 2\pi\nu}\oint k(s)\beta(\bar{s})\cos 2[(\phi(s)-\phi(\bar{s})-\pi\nu)]d\bar{s}$$
$$\phi(s) = \int_0^s \frac{d\bar{s}}{\beta(\bar{s})} \tag{2.105}$$

이 결과를 폐궤도 왜곡에 대해 식 (2.94)에서 얻어진 결과와 비교해라. 형태는 비슷하지만 두 개의 중요한 차이점이 있다. 첫 번째로, $\beta^{1/2}$가 폐궤도의 변위에 대한 적분에서 나타나는 반면, β의 1승이 $\Delta\beta$의 적분에서 나타난다. 두 번째로, 분모에서 사인 인수가 $\pi\nu$ 대신 $2\pi\nu$인 것에 주목하라. $\Delta\beta$의 공진 증폭은 ν가 정수 및 반정수의 값 모두에서 발생한다. 구배 에러는 ν_x 대 ν_z의 운전도에서 저장링 운전시 반드시 피해야 하는 새로운 공명군을 발생시킨다.

물론 튠 변이 $\Delta\nu$는 베타트론 함수의 변화에서 발생한다. ν의 정의인 식 (2.60)으로부터 다음을 쓸 수 있다.

$$2\pi\Delta\nu = -\oint \frac{\Delta\beta(s)}{\beta^2}ds \tag{2.106}$$

식 (2.105)을 사용하여 $\Delta\beta/\beta^2$의 s에 대한 적분은 식 (2.104)의 $\Delta\nu$를 나타내준다.

아마 다음과 같은 이상한 점에 궁금해 할 것이다. $\Delta\beta$가 ν의 반정수에서 공명 증폭을 가져 올지라도 튠 변이 $\Delta\nu$는 그러하지 않는다. 어떻게 그럴 수 있는가? 그 이유는 $\Delta\nu$에 대해 유도해온 표현식은 단지 β에서 작은 변화에 대해서 적용하였기 때문이다. 그런 까닭에 $\Delta\beta$가 발산하는 공명에 너무 가까워지면 유효하지 않다. 섭동 k에서 2차 항의 영향들을 포함하는 더 정확한 계산은 ν의 공명 근처에서 $\Delta\nu$를 - 그리고, 사실 $\Delta\beta$ 자체를 - 찾도록 수행되어야 한다.

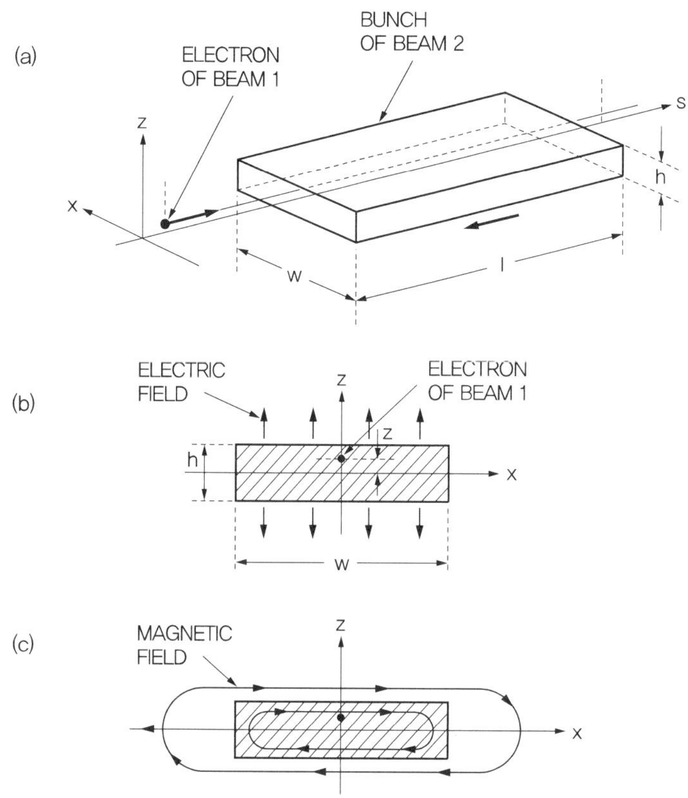

그림 2.18 빔 1이 빔 2의 한 번치를 통과시 빔 1 내에 있는 한 전자가 받는 전자기장들

2.12 | 빔-빔 상호작용 ; 튠 변이

1.6절에서 충돌하는 빔들의 휘도의 한계에 대하여 언급하였다. 이제 이 한계에 의한 이해를 위한 근거가 준비되었다. 두개의 번치가 충돌할 때마다, 한 번치내의 전자는 다른 번치에 의해 생성된 거시적인 (공간 전하) 전자기장에 의한 횡축방향의 충격을 받는다. 이러한 충격들에 의한 영향을 완전한 분석은 매우 복잡하다. 그러나 공간-전하 힘들에 의해 생성된 구배 에러에 의해 발생하는 튠 변이 $\Delta\nu$의 견지에서 이 영향들에 대한 간단한 정량적인 접근방법을 취할 수 있다. 많은 (아마도 대부분) 저장 링에서 지배적인 영향은 수직방향 진동에 있다. 이 취급을 간단히 하기 위하여, 이장의 뒷부분에서 수평방향 운동에 이 영향들을 고려할때 까지 그렇게 가정한다. 수평 방향 영향들이 지

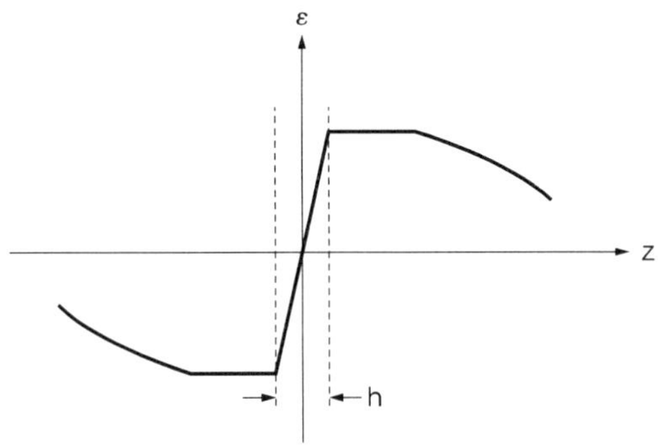

그림 2.19 이상화된 직각모양의 번치의 중심위 및 아래 위치에서 전기장 세기 ε

배적인 경우들에서, 논의 및 결론에 적절한 변환은 쉽게 만들어 질 수 있다.

그림 2.18(a)처럼 빔 번치들을 평평한 사각형 판으로 생각하고 빔 1내의 전자가 빔 2의 번치를 통과할 때 받는 힘을 고려해 보자. 번치의 축상에서 이 힘은 0이다. 그림 2.18(b)처럼 번치 중심위에서 전기장 ε는 번치의 표면까지 z에 대해서 선형적으로 증가하며 그림 2.19에서 보여진것 처럼 감소한다.

번치 내의 모든 z에 대한 전기장은 가우스 법칙에 의해 쉽게 얻어진다. z에서 전기장 ε은 0과 z사이의 표면전하 밀도에 의해 주어진다. 만약 번치가 w, h, l의 크기를 가지고 전자수가 N_B이면 전기장은 다음과 같다.

$$\varepsilon = \frac{1}{\varepsilon_0}\frac{N_B e\, z}{l\, w\, h} \tag{2.107}$$

전자가 번치를 통과할 때, 전자는 시간 l/2c 동안 전기력 εe을 받으며, 이 힘에 의하여 수직방향 충격량을 받으며, 이때 전자의 수직방향 운동량 p는 다음과 같이 변화한다.

$$\Delta p_z(\text{전기적}) = \frac{\varepsilon e l}{2c} \tag{2.108}$$

번치내 움직이는 전하는 또한 자기장을 생성하며 - 그림 2.18.(c) - 그것은 항상 ε/c이다. 자기력은 크기와 방향이 전기력과 같으므로 전자가 받는 충격량은 2배가 되거나 다음과 같다.

$$\Delta p_z = \frac{e^2}{\epsilon_0 c}\frac{N_z}{wh}z. \tag{2.109}$$

충격량의 방향은 같은 빔들(전자-전자)의 충돌에서는 반발적이며, 다른 빔(전자-양전자)의 경우 인력적이다. 현재의 목적상, 충격량의 대수 기호의 부호에 대해서는 다루지 않을 것이다.

수직방향 충격량 Δp_z를 받는 전자는 기울기에서 변화 $\Delta z'$가 발생한다.

$$\Delta z' = \frac{\Delta p_z}{p} \tag{2.110}$$

여기서 $p = \gamma mc$. 수직방향의 충격량은 z에 비례하므로, $k_z \Delta s$의 충격 구배 에러와 -식 (2.96)을 보아라 - 같은 효과를 보인다.

$$k_z \Delta s = \frac{\Delta z'}{z'} \tag{2.111}$$

이러한 구배 에러는 수직방향 진동의 진동수에서 변화를 일으키며 그 크기는 식 (2.103)로부터 다음과 같다.

$$\Delta \nu_z = \frac{\beta_z^*}{4\pi} k \Delta s \tag{2.112}$$

여기서 β_z^*는 충돌지점의 방위각에서 수직방향의 베타트론 함수의 값이다. 위의 모든 부분을 다 합하면 다음과 같다.

$$\Delta \nu_z = \frac{r_e \beta_z^* N_z}{\gamma w h} \quad (\text{사각형 빔}) \tag{2.113}$$

여기서 r_e는 고전적인 전자 반경이다.

$$r_e = \frac{e^2}{4\pi\epsilon_0 mc^2} \tag{2.114}$$

그러나 실제 빔은 가정해온 이상적인 직사각형 모양을 가지지 않는다. 오히려 빔은 3차원에서 가우션 입자 밀도 분포를 가지고 있다. 주요한 차이는 z방향으로 충격량의 변화는 엄밀히 말하면 그림 2.19에서 선형적이지 않다는 것이다. 그림 2.19는 상부와 하부 모서리들에서 깍아 내려져 있음을 보인다. 충격량이 z에 비선형적으로 의존하는 한 더 이상 튠 변이 $\Delta\nu$에 대하여 얘기하지 않아야 한다. 그러나 작은 베타트론 진폭에 대해 충격량은 z에 거의 선형적으로 비례하며 작은 진폭에 대하여 선형적인 수직 방향 튠 변이를 $\Delta\nu$로 정의할 수 있다. 계산은 이전과 같이 진행된다. 만약 $w/2$ 과 $h/2$를 분포들의 rms 절반 폭을 나타내고 빔이 평평하다면 ($h < w$) $2/\pi$ 인자를 제외하고는 같은 결과를 얻는다.

$$\Delta\nu_z = \frac{2r_e}{\pi}\frac{\beta_z^* N_B}{\gamma w h} \text{ (평평한 가우시안 빔)} \tag{2.115}$$

또한 빔이 각도를 가지고 충돌하는 경우로 계산을 확장하면 - 1.5절을 보아라 - 빔 휘도에서 한 것처럼, 충격량은 투영된 횡축 방향의 크기인 w_{eff} 와 h_{eff}에 단지 의존함을 알 수 있다. 식 (1.10)에서 A_{int}의 정의로부터, 선형적인 수직방향 튠 변이는 다음과 같다.

$$\Delta\nu_z = \frac{2r_e}{\pi}\frac{\beta_z^* N}{\gamma A_{int}} \text{ (평평한 가우시안 빔)} \tag{2.116}$$

여기서 $N = N_B B$는 저장된 빔의 B개의 번치내에서의 총 전자수이다. 만약 충돌점에서 두 빔이 평평하지 않은 경우 (즉, h_{eff}가 w_{eff}와 비슷하거나 더 큰 경우) 식 (2.115)와 식 (2.116)은 보정을 요구한다. 예를 들어, 보정은 원형 빔들에 대해서는 2배가 된다. 단락 I의 논의를 단순히 하기 위해서 이 작은 보정은 정확한 계산을 위해서는 필요하였지만 무시 되었다. (h와 w의 임의의 비율에서의 완전한 $\Delta\nu_z$에 대한 표현은 식 (2.122)이다.

수직 방향 튠 변이의 영향은 무엇일까? 수직 베타트론 수 ν_z가 교란하는 공명으로부터 벗어난 빔이 있다고 하자 - 즉, 정수의 0.1 만큼. 이 빔이 다른 빔과 충돌하면서 ν_z는 $\Delta\nu_z$ 만큼 변화되며, 충분히 높은 빔 강도에서 튠 변이는 ν_z를 공명쪽으로 움직이게 할 수 있다. ν_z가 0.1과 같은 숫자에 도달할 때 어려움에 처한다는 것을 예상할 수 있다. 대체적으로 이것이 1.6절에서 설명한 빔 밀도 한계의 원인이다. 저장링에서 튠 변이 $\Delta\nu_z$는 식 (2.116)에서 설정한 어떤 임계 한계보다 커질 수 없으며, 이 값은 횡축 하전 밀도 N/A_{int}에 상한 한계를 설정한다.

튠 전이의 한계 특성은 설명한 것보다는 좀 더 미묘하다. 빔-빔 상호작용에 인한 튠 전이 $\Delta\nu_z$가 있다면, 원리적으로 자기장에서 반대의 섭동을 만들어서 보정 할 수 있다. 하지만 위에서 평가된 $\Delta\nu_z$은 작은 진동 진폭들의 크기에 대해서 근사한 것임을 기억해야 한다. 힘들의 비선형성으로 인해 실제 유효한 튠 변이들은 다른 크기의 진폭들에 대해서는 다르게 될 것이다 - 더 큰 진폭에 대해서는 더 적은 튠 전이가 된다. 또한 전자는 z와 x 방향의 두 방향에서 동시에 진동하고, x 방향에서 최대 변위에 있을 때, z

방향에서는 더 작은 힘이 작용하게 된다. 그림 2.20을 보아라. 따라서, $\Delta\nu_z$는 빔 내에서 튠 전이들의 퍼짐의 측정으로 고려되어야 한다. 그이러한 퍼짐은 선형적인 자기장에서 어떤 변화에 의해 보정될 수 없다.

전자 저장링에서 빔-빔 상호작용의 완전한 해석적 이론은 유효하지 않다. 이러한 취급은 힘의 비선형성과 x, z방향의 진동이 결합되어 있어서 연속적인 빔 순환에 작용하는 섭동의 확률적으로 변화에 의해 복잡하게 된다. 많은 사람들이 근사적인 컴퓨터 시뮬레이션로 빔-빔 상호작용을 연구해 왔으며 이러한 결과들은 Princeton, Stanford, Orsay, Novosibirsk 링에서 관측과 좋은 일치를 보여준다. 그 결과들은 다음과 같이 설명할 수 있다 : $\Delta\nu_z$의 표현은 단지 공간 전하력의 크기의 측정으로써 다루어 져야 한다. $\Delta\nu_z$가 어떤 작은 값 $\Delta\nu_o$ 보다 작다면 저장 된 빔에는 무시할 정도의 섭동이 있다. 그러나 $\Delta\nu_z$가 $\Delta\nu_0$ 보다 커지면 섭동된 빔의 전자 진동들은 정상보다 훨씬 큰 진폭으로 급속히 증가한다. 소위 비집단 불안정성에 대해서는 $\Delta\nu_o$에 임계값이 나타난다. 불안정성으로부터 증가된 빔 크기는 전자들의 손실을 가져올수 있고, 또는 빔 밀도를 감소시켜 빔 휘도가 급격히 감소된다.

현재 고려하고 있는 영향은 상대편 빔의 거시적인 전기장에 의해 번치내의 전자들에 교란에 대해서 기술하고 있다. 물론 두 번째 빔의 각각의 전자들에 첫 번째 빔의 영향은 존재한다. 한 빔이 다른 빔보다 더 강도가 높을 경우 불안정성은 약한 빔에서 먼저 발생한다. 이 때문에 그 영향은 종종 "약한-빔 불안정성"으로 기술되어 왔다. 또한 한번 약한 빔이 불안정성으로 인해 부풀어져 버리면 전류 밀도가 급격히 감소하고 강한 빔에서 $\Delta\nu_z$는 매우 작게 된다. 약한 빔 강도에서 더 이상의 증가는 강한 빔에 불안정성을 일으키지 않는다. 비슷한 강도의 두 빔에서는 "플립-플롯"의 영향이 있다는

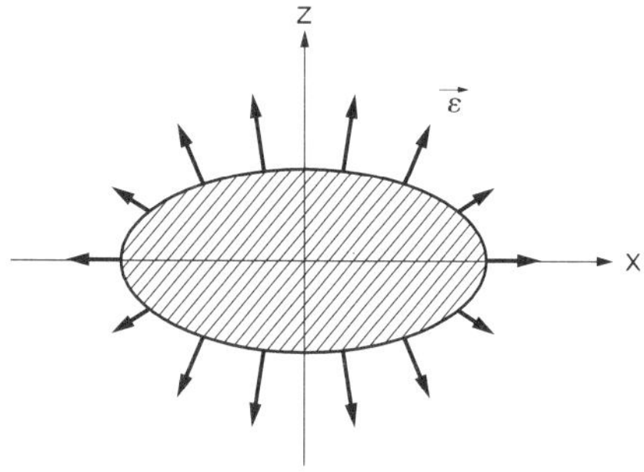

그림 2.20 평평한 타원형 번치로부터 전기장 ε

것을 알게 될 것이다. 불안정성 임계값 근처에서 각 빔은 다른 빔에게 부풀어짐을 일으키려 한다. 두 빔 중에서 한쪽 빔이 불안정해지면, 상대편 빔에서의 $\Delta\nu_z$는 급격하게 감소하므로 이 효과는 줄어든다. 안정적인 균형은 하나의 빔이 부풀어지고 다른 빔은교란을 받지 않는 상황에서 항상 도달하게 된다.

이제 1.6절에 다루었던 빔 휘도 한계의 특성을 이제 이해 할 수 있다. 충돌하는 빔에서 전류값들은 각 빔에 대해서 $\Delta\nu_z \leq \Delta\nu_0$가 되어야 한다. 이것은 일반적으로 받아들여지며 0.025 근처의 수다. 식 (2.116)은 각 빔에서 허용된 전류 밀도 한계를 설정한다. 이 한계는 β_V가 충돌점에서 수직방향 베타트론 함수인 β_z^*이라면 식 (1.14)에서 채택 된 것이다.

최근 Orsay 그룹은 중성 충돌 빔을 사용하여 빔-빔 상호작용의 영향을 피하는 방법을 제안했다 - 각 빔은 동일한 수의 양전자와 전자로 구성된다. 각 빔들에 대해, $\Delta\nu$는 N을 $N_+ - N_-$로 대체함으로써 얻어지고, 분명히 $\Delta\nu$는 중성 빔에서 0으로 될 것이다. 이 흥미로운 새 아이디어의 잠재적인 장점과 단점은 아직 충분히 분석되지 않았으며 (적어도 저자한테는), 이 교과서에서는 더 이상 고려되지 않을 것이다.

수직방향 튠 변이 $\Delta\nu_z$는 고에너지 저장링들의 전류를 제한하는데 있어서 지배적인 역할을 하므로 강조되었지만, 이것은 수평방향 튠 변이 $\Delta\nu_x$가 $\Delta\nu_z$보다 작을 경우에 해당된다. 이제 $\Delta\nu_x$를 살펴보고 $\Delta\nu_z$가 크다고 가정한 것이 맞을 경우 이상의 것들이 타당하게 될 것이다.

빔의 평평한-리본 모델로 돌아가서, 축에서 작은 지름방향 거리 $x << w$에서 번치를 통과하는 전자에 작용하는 힘을 고려하자. 그림 2.21을 보아라. 대칭성에 의해 번치

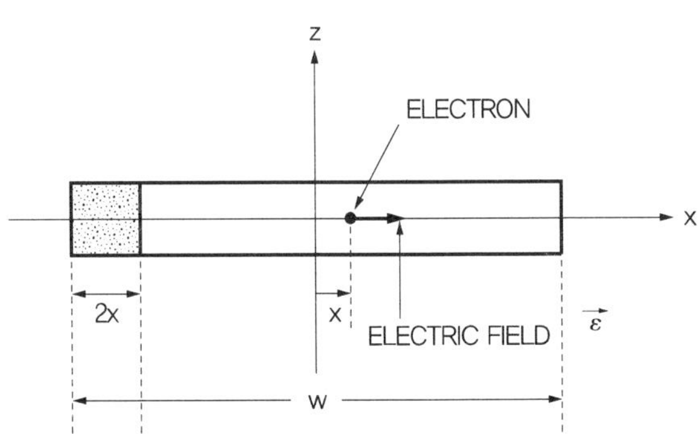

그림 2.21 축으로부터 작은 지름방향 거리에서 번치를 통과하는 한 전자에서의 전기장

에서 음영 처리되지 않은 영역은 알짜힘에 기여하지 않으며, 합력은 단지 폭 $2x$의 음영 처리된 영역에 의해 발생한다.

음영영역을 거리 $w/2$에서 선형 전하 밀도 λ를 갖는 선 전하로써 간주하면, x에 있는 전자에 작용하는 전기장 세기 ε는

$$\varepsilon = \frac{\lambda}{\pi\epsilon_0 w} \tag{2.117}$$

이다. 음영 영역에서 총 전하량의 비율은 $2x/w$이므로

$$\lambda = \frac{N_B e}{l}\frac{2x}{w} \tag{2.118}$$

그리고

$$\varepsilon = \frac{1}{\pi\epsilon_0}\frac{2N_B e x}{lw^2} \tag{2.119}$$

단위 변위 당 전기장 세기는 식 (2.107)과는 계수 $2w/l$ 만큼 다르다. 나머지 분석도 이전과 같이 진행하지만, 가우시안 빔인 경우 계수 2가 떨어져 나가고 평평한 가우시안 빔에서는 식 (2.115)에 대응해서, 다음과 같이 됨을 알 수 있다.

$$\triangle v_X = \frac{r_e \beta^*_X N_B}{2\pi\sigma w^2} \quad \text{(평평한 가우시안 빔)} \tag{2.120}$$

만약 빔들이 각도를 가지고 충돌하는 경우, 식 (2.115) 및 식 (2.120)에서 w와 h는 w_{eff} 또는 h_{eff}로 대체된다. 1.5 절을 보아라. 따라서 일반적인 경우에 수평과 수직방향 튠 변이 비율은 다음과 같다.

$$\frac{\triangle\nu_x}{\triangle\nu_z} = \frac{\beta^*_x\, h_{eff}}{\beta^*_z\, w_{eff}} \tag{2.121}$$

이 결과는 빔 단면적의 어떠한 종횡비 (w와 h의 비율)에 대해서도 옳음이 판명되었다.

β^*_x와 β^*_z가 일반적으로 비슷하며 빔의 폭이 빔 높이보다 훨씬 크기 때문에, 이 절의 설명에서 가정 한 것처럼, 이 비율은 1보다 작을 것으로 예상된다. 그러나 각도를 가지고 충돌하는 경우, 충돌점에서 베타 함수를 수정하는 특별한 기술을 사용하여 비율 β^*_x/β^*_z를 거의 모든 값으로 설정할 수 있다. 식 (2.121)의 비율이 1보다 큰 경우, 수평 튠

변이가 지배적이며 이 절의 설명은 적절히 수정되어야 한다. 물론 두 튠 변이는 항상 $\Delta\nu_o$보다 작도록 하는 것이 필요하다.

튠 변이의 물리가 명확해야 함으로 어떤 종횡비의 가우시안 빔에서 수직 및 수평 선형 튠 변이에 대해 얻은 완전한 표현을 써보자. 혼동을 피하기 위해서 평균제곱근 반-폭 분포에 대해 σ_x, σ_z 및 σ_s를 쓴다 (σ_S는 종축 방향 분포를 나타냄). 정면 충돌의 경우 :

$$\Delta\nu_z = \frac{r_e}{2\pi}\frac{N_B\beta_z^*}{\gamma\sigma_z(\sigma_x+\sigma_z)} \quad (2.122)$$

$$\Delta\nu_x = \frac{r_e}{2\pi}\frac{N_B\beta_x^*}{\gamma\sigma_x(\sigma_x+\sigma_z)} \quad (2.123)$$

(표현식은 반드시 z와 x에서 대칭이다. 또한 $\sigma_x \gg \sigma_z$일 때는 평평한 빔에 대해 유도된 표현식으로 된다.) 만약 빔들이 2δ의 수직방향 각도에서 충돌하면, σ_z는 다음처럼 대체된다.

$$(\sigma_z)_{eff} = (\sigma_z^2+\sigma_s^2\delta^2)^{1/2} \quad (2.124)$$

또는 수평방향 교차각이 2δ인 경우 σ_x는 다음처럼 대체된다.

$$(\sigma_x)_{eff} = (\sigma_x^2+\sigma_s^2\delta^2)^{1/2} \quad (2.124)$$

이 절에서 고려한 빔-빔 상호작용은 번치내에서 전자의 집단 횡축방향 진동 영향들을 고려하지 않았음을 강조한다 - 즉, 전체적인 번치의 횡축방향 운동들. 이러한 진동들은 발생할 수 있으며 두 빔들을 모두 포함하는 집단 불안정성을 가져올 수 있다. 이런 영향들에 대한 논의는 이 교과서의 범위 밖이지만 다른 교과서들에서 찾을 수 있다. 저장링의 성공적인 운전을 위해 이러한 진동들은 어떤 방식으로든 금지 되어야 한다. 이때 이 절의 결론들은 적용될 수 있다.

2.13 | 저-베타 삽입

고에너지 저장링에서, 최대 빔 전류는 고에너지 경우 1.7 절에서 논의 된것과 처럼 유용한 고주파 출력으로 정하여진다. 빔 크기가 적절히 조정될 수 있다면 얻을수 있는 최대 휘도는 허용된 최대 전류 밀도에 비례함을 식 (1.22)를 통해 보았다. 식 (2.116)에서 $\Delta\nu_z$를 취하면, 이 최대 전류밀도는

$$D_c = \frac{N}{A_{INT}} = \frac{2\,\Delta\nu_0\,\gamma}{r_e\,\beta_z^*} \tag{2.126}$$

이고, 최대 휘도는

$$\mathcal{L}_2 = \frac{f\,N_{MAX}\,\Delta\nu_0\,\gamma}{2\,r_e\,\beta_z^*} \tag{2.127}$$

이다. 주어진 빔 에너지(γ), 빔 전류(N_{MAX}), 저장링의 반경 ($f = cR/2\pi$) 대해서, β_z^* 만이 자유매개 변수이다. 이러한 결과의 형태는 Robinson과 Voss들에게 고에너지 저장링의 빔 휘도를 증가시킬 아이디어를 제안하게끔 하였다

균일하게 작은 베타트론 함수 β_z(s)는 ν_z값을 크게 하는 단점이 있으며, 이는 공명을 피하기 어려움을 동반한다. 그러나 Robinson과 Voss는 빔 충돌지점에서 비 정상적으로 낮은 β를 얻으면서, 저장링의 나머지 부분에서는 정상적인 크기의 β로 두는 것이 가능하다는 것을 알게 되었다. 이 아이디어는 매우 작은 β_z의 국부적인 구간을 생성하는 자기장에서 특별한 구간을 도입하는 것이다 - 소위 저- 베타 삽입 -.

이 아이디어가 어떻게 적용되는지 보기 위해, 2.6절의 베타트론 궤적에 관한 논의로 되돌아가야 한다. 링이 요구되는 빔을 저장할 수 있는 충분한 사양으로 설계되어 있다고 가정하자. 그리고 이 저장링이 어느 방사각 위치에서 뚫려있고, 집속 성분의 특별한 구간이 다음과 같은 특성으로 삽입되었다고 가정하자 : 이 부분의 수송행렬 M은 단위행렬이어서 전자가 삽입부에 들어갈 때와 나올 때 같은 변위와 기울기 (x, x')를 가진다 ; z 방향 운동에 대해서도 마찬가지이다. 이런 특성을 갖는 삽입부는 저장링의 나머지 부분에서 빔 궤적에 영향을 주지 않을 것이다; 베타트론 함수 또한 변하지 않을 것이다. 그러므로 x 및 z 방향 모두에서 단위 수송행렬을 갖는다는 제한을 삽입구간에 준다면, 원하는 방식에서 저장링 구조를 자유로이 선정할 수 있다. 또한 충분히 현명하다면, 삽입부 내에서 베타트론 함수를 원하는 어떠한 값으로 취할 수 있다.

사실, 삽입구간이 단위 수송행렬을 갖는다는 요구는 필요이상으로 강하다. 예를 들면, -1의 수송행렬도 저장링의 나머지 구간에서 베타트론 함수를 변화시키지 않는다는 것을 쉽게 알 수 있다. 사실 2.9절의 결과들에서 알 수 있는 것처럼, 다른 가능성들

도 여전히 남아있다. 베타트론 함수 β(s)의 제곱근 $\zeta(s)$가 미분방정식 (2.74)를 만족하는 함수이며 저장링에서 일가함수인 것을 보았다. 저장링에서 ζ와 ζ'의 값이 ζ_0, $\zeta_0{}'$인 지점을 뚫어내고, 집속 함수가 $K(s)$인 특별 집속 구간을 삽입한다고 가정하자. 삽입구간은 알맞게 재 정의된 s_1부터 s_2까지이다. 그때, 삽입구간에서 $K(s)$가 $\zeta(s_1)=\zeta(s_2)=\zeta_0$, $\zeta'(s_1)=\zeta'(s_2)=\zeta_0{}'$의 경계조건으로 식 (2.74)을 만족하도록 하면, 함수 $\zeta(s)$는 삽입구간외의 구역에서 변하지 않게 된다. 혹은 같은 것을 다른 방식으로 말할 수 있다. 초기조건 $\zeta(s_1)=\zeta_0$및 $\zeta'(s_1)=\zeta_0{}'$으로 삽입구간의 한쪽 끝인 s_1부터 시작한다고 가정하고, 식 (2.74)를 삽입부에 대하여 s_2까지 적분한다. 만약 $\zeta(s_2)=\zeta_0$, $\zeta'(s_2)=\zeta_0{}'$를 갖는 s_2에서 도달하면, 저장링의 나머지 구간에서 $\zeta(s)$는 변하지 않을 것이다. 저장링의 주요 부분에서 궤적을 교란시키지 않는다는 것이 삽입구간의 가장 일반적인 정의이다.

특별한 삽입구간은 반드시 전체 링의 베타트론수 ν를 변하게 한다. 그 이유는 삽입구간에서 베타트론 위상 $\phi(s)$의 진행이 반드시 존재하기 때문이다. 예를 들어, 단위 전송행렬을 갖는 삽입구간은 위상을 2π나 그 정수배만큼 증가해야한다. 따라서 수정된 링의 ν는 1 또는 어떤 정수배 만큼 증가한다. 앞 단락의 더 일반적인 요구를 만족하는 실제적인 삽입구간들은 일반적으로 ν를 정수에 가까운 수로 변화시킨다.

선택한 내부점에서 원하는 작은 β값을 주며 실제 자석들로 제작될 수 있는 요구 조건들을 만족하는 저-베타 삽입구간들의 설계는 이 교과서의 범위 밖이고 저자 또한 이 논의에 전문적이지 않다. 그러한 삽입구간에 대한 특정한 한 가지 예를 보이고, 그런 삽입구간에 일반적으로 적용하는 몇 가지 논의점을 보이겠다.

그림 2.22(a)은 SLAC에서 제안된 저장링을 위해 설계된 저-베타 삽입구간을 위한 집속 함수 K_x를 보이고 있다. 이 삽입구간에서 K_z는 $-K_x$이다. 진폭함수 ζ(s) = $\sqrt{\beta(s)}$를 제공하는 두 정규 셀 사이에 있는 삽입구간이 그림 2.12에 보여져 있다. 삽입구간의 함수들 ζ_x와 ζ_z도 그림 2.22에 또한 보여진다. 두 함수들은 삽입구간의 경계에서 기울기가 0이고 (정규 셀과 마찬가지로), 그 값들은 경계에서 정규 셀과 매칭되어 있다. 그러므로 모든 요구조건들이 만족되어 있다.

그림 2.22에서 보여진 삽입구간은 중앙에서 매우 낮은 β_z를 갖도록 설계되었다. 정규 셀에서 β_z가 $\approx$ 1000 cm인 것에 반해 삽입구간 중앙에서는 5 cm 이다. 이 구간에서 β_x는 정상적인 값을 갖고 있다. 중앙에서는 당연히 저장된 빔의 충돌지점이 된다. 그렇

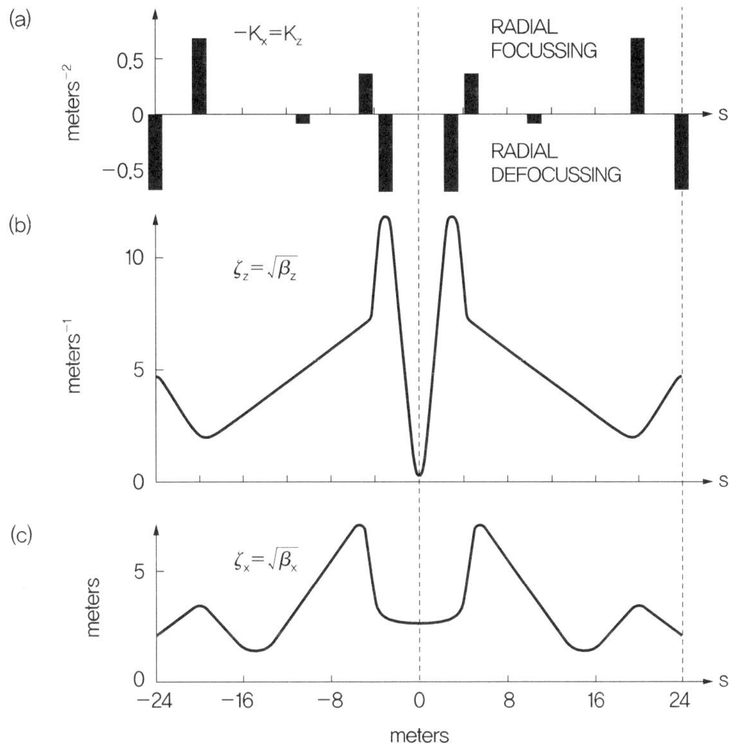

그림 2.22 SLAC 저 베타 삽입구간을 위한 집속함수와 엔벨로프 함수들

기 때문에 중앙에서 양쪽으로 2.5 m 구간에서는 자석이 없으며 이 5 m 자유 구간에 검출기 장치를 둘 수 있다.

그림 2.22에서 $\zeta_z(s)$ 곡선의 특징은 삽입구간 중앙에서 가장 가까운 사극자석에서 매우 큰 값을 가진다는 것이다. 이 커다란 값은 몇 가지 좋지않는 결과를 갖는다. 첫째, 베타트론 진동의 진폭들(정규 셀에서 주어진 진폭에 대해)은 $\zeta(s)$에 비례하므로, 베타트론 진폭은 가장 가까운 지점에 있는 사극 자석들에서 매우 커지게 되므로 사극자석의 구경이 매우 크도록 요구된다. 두 번째, 이미 확인했듯이, 폐궤도 왜곡과, $\beta(s)$ 및 ν의 섭동들은 섭동의 위치에서 $\beta=\zeta^2$에 비례한다. 가장 가까운 위치의 사극자석에서 구배 에러들의 영향은 크게 커진다. 명백하게 큰 값의 β는 바람직 하지 않으며, 삽입구간 구성에 매우 정밀한 기술적인 요구가 필요로 된다.

β는 왜 매우 커야할까? 우리는 2.10절에서 집속이 없는 구간에서 β를 식 (2.81)로 간단히 표현하였다. $\beta(s)$가 최소값 β_0을 갖는다면, β_0보다 큰 길이 l에 대해, $K=0$인 구간에서, 다음 식으로 된다.

$$\beta = \frac{l^2}{\beta_0} \tag{2.128}$$

만약 가장 가까운 사극자석까지의 자유 공간 2.5 m와 β_o=5 cm를 요구하면, β는 첫 번째 사극자석에서 125 m(!)만큼 크게 된다. 사극자석 지점에서 매우 큰 β_z는 충돌지점에서 낮은 β_z가 높은 빔 휘도를 만들어 주는 실험구간을 위해 치려야할 사항이다.

CHAPTER

03 에너지 진동

3.1 | 오프-에너지 궤도들

이전 절들에서 기준 에너지를 - 자석 전류들이 주어진 설정치를 갖는 설계 에너지 - 갖지는 전자들의 저장링에서 궤도들을 논의하였다. 그러나 저장된 전자들은 모두 이상적인 에너지를 갖지 않는다. 일반적으로, 저장된 전자 에너지 E는 기준 에너지에서 벗어나며, 1.2 절에서 기술한 것처럼, 기준 에너지 주위를 진동한다. 이러한 에너지 진동들이 - 싱크로트론 진동들로 불리우며 - 본 단원의 주제이다.

먼저 기준 에너지로 부터 작은 양의 에너지인 ε 만큼 차이를 갖고 있는 전자들의 운동을 이해해야한다. 설계 궤도가 수평상에 놓여 있다는 2.3절의 가정을 유지하고서, 에너지 변동들은 단지, 작은 양인 1차항에서, 지름 방향 운동에만 영향을 줄 것이다. 수직 방향 변위는 여전히 단원 2에서 분석된 베타트론 진동들에 의해 기술될 것이며, 여기서는 더 이상 고려되지 않을 것이다. 2.6절로부터, 기호 x는 일반적으로 베타트론 진동들과 연계된 횡방향 변위인 x_β 또는 z_β를 나타나게 하는 것이 편리하였다. x는 설계 궤도에서 궤적의 총 수평방향 변위를 나타내는 표기이다

이상적인 자기장에서, 에너지 편차 ε를 갖는 전자에 대한 지름 방향 운동은 다음과 같이 두 부분의 합으로써 놓을 수 있는 것이 2.5절에서 보여졌다.

$$x = x_\beta + x_\epsilon \tag{3.1}$$

여기서 x_β는 베타트론 변위이고 x_ϵ은 전자의 에너지에만 의존하는 변위이다. 2.11 절

의 결과를 포함하기를 원하면, 자석 결합으로 인한 폐궤도의 왜곡을 추가로 포함해야 하며 다음과 같이 된다

$$x = x_\beta + x_\epsilon + x_c \tag{3.2}$$

여러가지 기여들은 선형적으로 합산되므로 - 작은 에너지 변이와 작은 변위 및 선형적인 자기장의 가정하에 $-x$에 여러가지 기여들을 분리적으로 고려 할 수 있었다. 지금은 x에 다른 기여들은 무시하며 x_ϵ에 논의를 집중한다.

식 (2.28)에 따라서 에너지 변위 x_ϵ는 다음과 같이 쓸 수 있다.

$$x_\epsilon = \eta(s)\frac{\epsilon}{E_0} \tag{3.3}$$

여기서, $\eta(s)$는 각 물리적 방위각에서 단일 값을 갖는 방위각 좌표 s의 함수이다. 베타트론 진동을 하지 않는 오프-에너지 전자는 새로운 폐궤도를 주위로 운동을 한다. 이때 이상적인 궤도로 부터의 변위는 총 자기장 배치의 특성인 주어진 함수 $\eta(s)$에 따라서 방위각에 의존하는 비례 계수와 $\frac{\epsilon}{E_0}$에 비례한다. $\eta(s)$는 오프-에너지 함수로 부르며 이것은 단지 단위 에너지 편차당 폐궤도 변위이다.

$\eta(s)$의 특성을 살펴보자. 이것은 다음 미분 방정식의 해로써 정의된바 있다 (식 2.29을 보라)

$$\eta'' = K_x(s)\eta + G(s) \tag{3.4}$$

이는 주기 L를 가지며 s에서 주기적이어서 모든 물리적 방위각들에 대해서 단일 값을 갖는다. 함수 $G(s)$와 K_x는 식 (2.3) 및 식 (2.21)에서 정의 되었다.

분리된 함수 자기장의 (2.2절에서 정의된) $\eta(s)$에 대해 이 방정식에 함축된 정량적인 특성을 살펴보자. 한 예로써, 2.6 절 및 2.10 절에서 설명을 위해 사용된 SLAC이 제안한 가속기의 자기장를 살펴보자. 그림 3.1(a), (b)에서는 자기장에 대한 K_x와 G를, (c)에서는 오프-에너지 함수 $\eta(s)$를 나타내고 있다.

자기장이 없는 구간에서 G와 K_x는 0이 되므로 $\eta(s)$는 상수 기울기의 구간을 갖는다. 사극 자석에서 G는 0이 되며 K_x는 단지 사극 자석의 세기이다. 집속 사극자석에서 K_x는 음수이며 $\eta(s)$는 다음 형태로 0 주위에서 정현적인 진동을 하는 구간을 갖는다.

$$\eta = a\cos(\sqrt{-K_x}\,s + \theta)$$

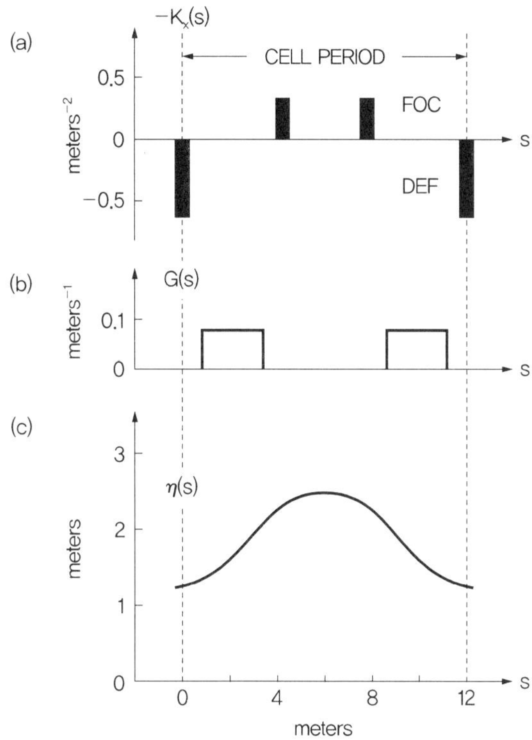

그림 3.1 SLAC 자기장에 대한 자기장 함수들과 오프-모멘텀 함수

발산 사극자석에서 K_x는 양수이며 $\eta(s)$는 다음과 같은 양수 지수형의 구간을 갖는다.

$$\eta = a\exp(\sqrt{K_x}\,s + \theta)$$

$\eta(s)$의 곡선은 집속 사극자석에서 s축 방향으로 인력적이며, 발산 사극자석에서는 축으로부터 반발적이 된다.

평평한 이극자석에서 K_1는 0이 되지만 K_x는 0이 아니다. 사실 $K_x = -G^2$이고 η에 관한 방정식은

$$\eta'' = -G^2\eta + G = -G^2\left(\eta - \frac{1}{G}\right) \tag{3.5}$$

이다. η의 곡선은 G^2에 비례하는 복원력으로 $\eta_0 = 1/G$의 레벨로 향하여 인력적인 정현적 형태의 부분이다. (레벨 η_0는 단지 설계 궤도의 곡률 반경 ρ와 동일하다.)

위의 논의에서 그림 3.1에 나타나는 $\eta(s)$ 변화의 정량적인 형상을 이해할 수 있다. 모든 정상적인 저장링에 대해 오프-에너지 함수는 모든 공간에서 양수값을 갖는다.

저장링 이용자는 일반적으로 $\eta(s)$에 대해서 자세한 계산을 할 필요성에 직면하지 않으며, $\eta(s)$값은 저장링 설계자들에 의해 제공되어져야 한다. 그러므로, 그런 한 것들이 어떻게 계산될 수 있는지를 간략히 설명하겠다. 분리된 함수 자기장에 대해서, 이전의 설명은 $\eta(s)$를 계산하는 방법을 제공하기 위해서 확장 될 수 있다. $\eta(0)$와 $\eta'(0)$의 어떤 가정된 값으로 $s=0$에서 시작해서 하나의 완전한 회전을 할때까지 $-s=L$에 도달할 때까지 $-\eta(s)$를 위에서 설명된 연속하는 구간에서 계산을 하자. 만약 $\eta(0)$와 $\eta'(0)$을 $\eta(L)$와 $\eta'(L)$와 각자 같도록 선정하면 정확한 $\eta(s)$을 얻게 될 것이다. 이 계산은 전송행렬 기술을 이용하여 직접적으로 수행 될 수 있다. (참고문헌 11을 보라)

오프-에너지 함수(어떤 종류의 자기장에 대한)는 교란된 폐궤도에 대해 2.11절에서 얻은 결과를 이용함으로써 얻을 수 있다. 에너지 편차는 자기장 에러의 경우와 같이 곡률의 변화를 일으키기 때문에 오프-에너지 궤도는 단지 교란된 폐궤도로 가정할 수 있다. 즉, 궤도의 구간 Δs에서 존재하는 자기장 에러 δG는 에너지 E_0를 갖는 전자의 경로에서 곡률 변화를 생성한다. 이것은 에너지 편차 ε를 갖는 전자가 $\frac{\delta G}{G}=\frac{\epsilon}{E_0}$ 가정하에 기준 자기장을 통과할 때의 곡률변화와 같다. $\eta(s)$는 $\frac{\epsilon}{E_0}$에 폐궤도 변위의 비이므로, 2.11절의 식 (2.92)에서 δG를 G로 대체함으로써 $\eta(s)$를 계산 할 수 있다. 이 주장은 η에 대한 식 (3.4)이 2.11 절의 있는 x_c에 대한 식 (2.85)와 같다는 것을 주목함으로써 정당화 될 수 있다 ; 이것은 $x_c \rightarrow \eta$ 및 $-\delta G \rightarrow G$로 치환하면 후자는 전자의 식으로 된다. 식 (2.94)에서 같은 치환을 함으로써 다음을 얻는다.

$$\eta(s)=\frac{\sqrt{\beta(s)}}{2\sin\pi\nu}\oint G(\bar{s})\sqrt{\beta(\bar{s})}\cos(\phi(s)-\phi(\bar{s})-\pi\nu)d\bar{s} \tag{3.6}$$

만약 $\beta(s)$가 이미 알려 진다면 적분을 해서 $\eta(s)$를 얻을 수 있다. ν가 정수로 접근할 때 $\eta(s)$는 또한 공명 거동을 갖게 됨에 주목하시오.

만약 설계 궤도가 평면상에 있지 않는 경우, 예를 들면 최근에 DESY 또는 Orsay 설계에서 처럼, 이 절의 논의는 수직 변위에 대해서 반복되어야 한다. 이러한 경우에는 두 개의 집속 함수 K_x와 K_z 뿐만 아니라 두 개의 곡률 함수 G_x와 G_z가 있게 된다. 수직 변위 또한 오프-에너지 함수 $\eta_z(s)$에 비례하게 될 오프-에너지 기여를 가지며 이 수직 오프-에너지 함수는 수직 집속 함수 및 곡률 함수의 관점에서 평가될 수 있다. η_z는 양수와 음수 모든 값이 가능하고 저장링에서 그 평균값은 0이 된다는 점에서 수평방향 경우과는 중요한 정량적인 차이가 있다.

3.2 | 궤도 길이; 지연 인자

에너지 편차의 한 가지 중요한 결과는 폐궤도의 원주에서 관련된 변화이다. 이제 이 영향에 대해서 살펴보자. 설계 궤도상에서 운동하는 기준 에너지 E_o 를 갖는 전자는 1 회전에서 설계 궤도의 원주인 거리 L 를 이동한다. 어떤 다른 궤도상에서, 1회전시 이동한 경로 길이는 이상적인 궤도로부터 편차에 의존하며 이것은 L과 다를 것으로 예상된다. 이미 2.4 절에서 설계 궤도로부터 변위 x 로 s 에서 $s+ds$ 까지 이동하는 전자는 국부적 곡률 반경에 의존하는 양에 의해 ds 와는 dl 만큼 다른 경로를 가진다는 것을 알고 있다. 그림 9를 보아라. 식 (2.15)로부터 x 에서 1차항만 유지하는 한 다음을 알고 있다.

$$dl = (1 + G(s)x)ds \tag{3.7}$$

베타트론 진동은 평균적으로 경로 길이에서 1차항 변화를 가져오지 않는다. 이 경로는 진동의 양수 스윙 (x>0)에서는 늘어나며 음수의 스윙에서는 줄어든다. 베타트론 변위들은 평균적으로 x=0 주위로 대칭적이기 때문에, 1회 이상의 완전한 베타트론 사이클에 걸쳐 평균할 때 경로 길이 변화는 0이 된다. 베트트론 수 ν가 1보다 훨씬 커서 1 회전시 여러 베타트론 사이클이 있다면, 1회전에서 경로 길이에서의 총 변화는 작게 된다. 하지만 $\nu \approx 1$ 이면, 1회전으로 부터 다음 회전 경로 길이에서 변화들이 있을 것이다. 그러나 평균 경로길이에 (여러 회전에 대해 평균한) 단지 관심이 있으며 베타트론 진동들은, 1차항에서, 이 평균에 영향을 주지 않을 것이다.

베타트론 진폭의 제곱에 비례하는 시간 변화를 주는 2차항 영향이 있다. 이것은 베타트론 진동들과 에너지 진동들간에 매우 작은 결합을 가져다 줄 수 있다. 여기서는 이러한 2차항 과정들을 무시한다.

주어진 에너지 편차에 대해, x_ϵ는 일반적으로 링주위에서 같은 부호를 가지고 있기 때문에 오프-에너지 궤도의 횡 방향 변위 x_ϵ는 궤도 길이에서 변화를 일으킨다. 식 (3.7)의 x 에 x_ϵ를 놓고 링주위로 적분을 하면 오프-에너지 폐궤도의 원주 l_ϵ를 얻는다.

$$l_\epsilon = \oint dl = \oint (1 + G(s)x_\epsilon(s))ds \tag{3.8}$$

적분의 첫 번째 항은 ds의 완전적분이며 설계 궤도의 길이인 L이된다. 두 번째 항은 에너지 편차로 인한 길이 증가를 주며 이것을 δl_ϵ로 놓자. x_ϵ에 대한 식 (3.3)을 고려하면 다음을 얻는다.

$$\delta l_\epsilon = \frac{\epsilon}{E_0} \oint G(s)\eta(s)ds \tag{3.9}$$

궤도 길이에서 변화는 자기장의 알려진 특성으로부터 얻어질 수 있는 - 정적분 - 비례 상수와 함께 에너지 편차 ϵ에 비례한다.

다음과 같이 지연인자로 불리우는 무차원 변수 α를 정의하는 것이 편리하다.

$$\frac{\delta l_\epsilon}{L} = \alpha \frac{\epsilon}{E_0} \tag{3.10}$$

식 (3.9)로부터 다음과 같이 된다

$$\alpha = \frac{1}{L} \oint G(s)\eta(s)ds \tag{3.11}$$

지연인자 α는 베타트론 수 ν와 같이 전체 자기장의 특성인 수이다. 이것은 에너지 진동의 중요한 매개변수이다.

α는 일반적으로 모멘텀 압축으로 알려져 있기 때문에, 저자는 지연인자로 이름을 마지못해 붙였다. 이 다른 이름은 다른 운동량들의 궤도들의 횡방향 퍼짐 - 이것은 $\eta(s)$에 비례함 - 과 관련해서 교대적인 구배 자기장들의 초기 분석에서 붙여졌다. α는 η의 크기의 일반적인 지표인 것이 사실이다. 그러나 다른 운동량에 더 큰 "압축"은 일반적으로 더 작은 α에 해당한다. 그러므로 "압축"은 α 역수에 의해서 측정될 수 있을 것이다. α는 η에 간접적으로 관련하므로 그리고 특히 궤도 길이에서 변화의 측정이므로, 좀 더 적절하고 - 오해가 작은 - 이름이 일반적으로 사용될 수 있다. 저자가 추천하는 이름은 "지연인자"이다.

앞에서 정의한 등자기장과 같이 자기장의 가장 일반적인 종류에서 α의 성질에 대해 더 나은 이해를 얻을 수 있다. 등자기장에서 G는 자석이 있는 공간에서는 G_0의 값을 가지며 그 외에서는 0이 된다. (식 (2.9)을 보아라) 그러므로 식 (3.12)는 다음과 같이 표현 될 수있다

$$\alpha = \frac{G_0}{L} \int_{Mag} \eta(s) ds \text{ (등자기장)} \tag{3.12}$$

여기서 적분은 이극자석이 있는 설계 궤도 부분들에서만 취해진다.

이 결과는 더욱 이해하기 쉬운 방식으로 쓸수 있다. η의 자기 평균을 다음과 같이 정의하자

$$< \eta >_{Mag} = \frac{1}{l_{Mag}} \int_{Mag} \eta(s) ds \tag{3.13}$$

l_{Mag}은 이극자석에서 궤도부분의 전체 길이이다. (이것은 모든 자석에서 η의 평균값정의이다)

그러나 모든 이극자석은 완전한 원이 되기까지 합해져야 해서 l_{Mag}는 2π와 단지 $\frac{1}{G_0}$인 자석들에서 상수 궤도 반경인 ρ_0와의 곱이 된다. 따라서

$$\alpha = \frac{2\pi}{L} < \eta >_{Mag} = \frac{< \eta >_{Mag}}{R} \tag{3.14}$$

$R = L/2\pi$는 이전에 정의된 총 궤도 반경이다. 지연인자 α는 단지 궤도의 총 반경에 대한 η의 평균자기의 비율이다.

여기서 관심을 갖는 고에너지 전자들은 빛의 속도에서 거의 다르지 않은 속도로 이동하고 저장링의 각각의 회전에 걸리는 시간은 궤적의 길이에 비례한다. 에너지 편차 ϵ에 대응하는 오프-에너지의 궤도에 관하여, 회전시간에서 변화 δT는 설계궤도에서 회전시간 T_0에 동일하게 비례한다. 그 이유는 폐궤도의 길이에서 변화는 설계 궤도의 길이에서 변화와 같기 때문이다.

$$\frac{\delta T}{T_0} = \frac{\delta l_\epsilon}{l} = \alpha \frac{\epsilon}{E_0} \tag{3.15}$$

3.3 | 오프-에너지 함수와 지연인자의 근사화

대부분 실제적인 자기장들에 대해서 오프-에너지 함수 $\eta(s)$와 이전 단원에서 주 관심사 였던 지름 방향 베타트론 함수 $\beta_x(s)$간에는 밀접한 관계가 있다. 이 관계의 설명

은 조금 길기 때문에 증명 과정을 생략하고 보이겠다. (설명은 참고문헌 4에서 볼수있다) 이상적인 베타트론 함수(급격한 변화가 없는)를 갖는 등자기장에 대해, $\eta(s)$에 꽤 좋은 근사는 다음과 같다.

$$\eta(s) \approx a_o \beta_x^{1/2}(s) = a_o \zeta(s) \text{ (등자기장)} \tag{3.16}$$

여기서, a_0는 상수이다. 스케일 인자 a_0를 제외하고는 함수 $\eta(s)$는 $\zeta(s)$와 거의 같은 형태를 갖는다. 같은 자기장에 대해서 $\xi(s)$와 $\eta(s)$를 나타내는 그림 18 및 그림 3.1를 비교함으로써 적어도 한 경우에 대해 이 유사성을 확인 할 수 있다. 이 예를 대해 식 (3.16)은 몇 %내로 잘 맞는다.

많은 목적에 위해, 알려진 함수들의 비율로부터 a_0를 취하는 것은 충분할 것이다. 이것에 대한 공식은 식 (3.16)의 수학적인 유도로부터 다음을 얻는다.

$$a_o = \frac{< \beta_x^{1/2} >_{Mag}}{\nu_x} \text{ (등자기장)} \tag{3.17}$$

여기서 ν_x는 지름방향 베타트론수 이며 $\beta_x^{1/2}$의 자기 평균은 이전 절에서 η에 대해 하였던 방식과 같게 정의되어 진다. 식 (3.13)을 보라.

스케일 인자 a_0는 이미 정의된 저장링 변수들의 관점에서 표현될 수 있다. 식 (3.16)의 양변을 모든 자석들에 대해서 평균하면 다음을 얻는다

$$< \eta >_{Mag} \approx a_o < \beta_x^{1/2} >_{Mag} \text{ (등자기장)} \tag{3.18}$$

식 (3.15)에 의해 왼쪽편은 단지 αR이며 식 (3.17)에 의해 오른쪽 편은 $a_o^2 \nu_x$ 여서 다음 식을 얻는다.

$$a_o^2 \approx \frac{\alpha R}{\nu_x} \tag{3.19}$$

그리고 $\eta(s)$는

$$\eta(s) \approx \left(\frac{\alpha R}{\nu_x}\right)^{1/2} \beta_x^{1/2}(s) \tag{3.20}$$

로 쓸 수 있다. 이 근사는 일반적으로 $\eta(s)$에 대해 상당히 적당한 표현을 주고있다.

a_0에 좀 더 대략적인 근사는 $\beta_x^{1/2}$의 자기평균은 근사적으로 이전에 정의된 β_x의 제곱평균인 $\beta_{xn} = \frac{R}{\nu_x}$과 같다고 함으로써 얻을 수 있다. 식 (2.72)을 보아라. 그때 식

(3.17)을 사용해서 다음을 얻는다.

$$a_o^2 \approx \frac{R}{\nu_x^3} \tag{3.21}$$

마지막 두 결과는 베타트론수와 지연 인자사이의 유용한 근사적인 관계를 보여준다 ; 즉

$$\alpha \approx \frac{1}{\nu_x^2} \text{ (대략적)} \tag{3.22}$$

α 와 ν_x 간의 이 간단한 관계는 고에너지 저장링들의 일반적인 특성의 이해에 매우 유용하다. 만약 ν_x 를 자기장의 집속 세기의 척도로 간주한다면 지연인자는 그 세기의 제곱역수로서 감소되도록 보여진다.

3.4 | 에너지 손실 및 이득

지금까지 저장된 전자의 에너지를 변화시키는 영향들을 무시해 왔다 : 지금은 전자가 에너지를 손실하고 얻는 과정들을 고려하는 것이 필요하다. 궤적의 곡선 부분들을 따라서 일어나는 횡 방향 가속은 전자로 하여금 일부분의 에너지를 방출하도록 한다. 이러한 방사광 손실의 특징들은 4.1에서 상세하게 논의 될 것이다. 만약 전자가 저장링에서 계속 저장된다면 이 방사광 손실은 평균적으로 링의 고주파 가속시스템으로부터 똑같은 에너지 이득으로 반드시 보상되어야 한다. 이 고주파 시스템은 운동하는 전자에 에너지를 공급할 수 있는 전기장을 제공하는, 궤도들을 따라서, 하나 이상의 전극 구조로 구성되어 있다. 저장링에 입사된 전자들을 안정하게 순회하는 번치들내로 모으게 하며 그리고 번치내에 있는 전자들을 작은 에너지 진동을 수행하게 하는 것은, 자기장의 특성과 함께, 방사광 손실과 가속 이득의 상호작용이다.

설계 궤도상에서 운동하는 기준 에너지 E_o를 갖는 전자는 매 회전당 일정한 양의 에너지를 U_o만큼 방출한다. 이 방사광 손실은 항상 전자 에너지의 아주 작은 (전형적으로 10^{-4} 정도) 부분에 해당된다. 가속 시스템으로 부터 에너지 이득은 물론 같은 크기의 양이다. 다행히도, 매 회전에서 방사광 손실의 적은 양의 크기는 에너지 진동에 대한 연구를 하지 않아도 많은 간단한 가정을 만드는 것을 가능하게 한다. 우선, 에너

지 E_o로 회전을 시작하는 전자는 회전 동안에 에너지 U_o을 손실한다는 가정을 할 수 있다. 에너지가 엄격하게는 E_o로 유지되지 않고 궤적도 설계 궤도상에 유지하지 않을지라도, 한 회전시 에너지 편차는 무시될 수 있다. 하지만 여러 회전들을 통해 누적되는 영향들은 반드시 고려되어야 한다.

만약 에너지 E_o를 갖는 전자가 베타트론 진동을 하면 궤적을 따라 다른 횡방향 가속 때문에 방사광 손실의 순간율은 변화 할 수 있다. 그렇지만, 완전한 베타트론 진동에 대한 평균 에너지 손실은 베타트론 진폭에서 일차항에서는 변화하지 않을 것이다. (횡방향 진동에서 변화들은 x 에 비례하며, 일차항으로, 완전한 사이클에 대해서는 0으로 평균될 것이다.) 많은 베타트론 진동들에서 일어나는 영향들을 고려하는 것에 만족하므로, 평균 에너지 손실만 주목할 필요가 있다. 저장링의 1차항 관점에서 보는 한 방사광 손실의 베타트론 변위들에 의존성은 무시할 수 있다.

그렇지만 방사광 손실은 전자의 에너지의 변화와 함께 변화할 것이다. 서로 다른 궤적 및 에너지는 모두 수정된 에너지 손실로 기여할 수 있다. 모든 에너지 변화는 서서히 일어나므로, 어떤 순간에 전자는 순간 에너지에 대응하는 오프-에너지 폐궤도상에서 운동하거나 그 궤도 주위로 자유 베타트론 진동들을 수행하는 것으로 고려될 수 있다. 오프-에너지 궤도의 형태를 알고 있으므로, 매 회전에서 잃은 에너지를 계산 할 수 있다. 이 문제는 나중에 고려할 것이며 (4.1절) ; 지금은 에너지 편차 ε의 주어진 함수 $U_{rad}(\epsilon)$로써 놓을 수 있다.

작은 에너지 편차 경우에만 관심이 있으므로, U_{rad} 변동에서 선형항만 유지할 필요가 있으며 일반적으로 다음과 같이 쓴다.

$$U_{rad} = U_o + D\epsilon \tag{3.23}$$

$$D = \left(\frac{dU_{rad}}{d\epsilon}\right)_o \tag{3.24}$$

여기서 도함수는 기준 에너지 E_o에서 계산된다. 현재, 방사 손실은 단원 4에서 자기장 특성의 견지에서 평가될 두 상수 U_o 및 D로 기술될 수 있다 .

이제 방사 손실을 보상하기 위해 전자에게 에너지를 공급하는 고주파 가속 시스템 간략히 "고주파 시스템"을 살펴보자. 고주파 시스템은 그림 3.2에 개략적으로 그려진 것과 같이 하나 이상의 공동 공진기로 구성되며 저장링 주위의 여러 위치에 배치되며

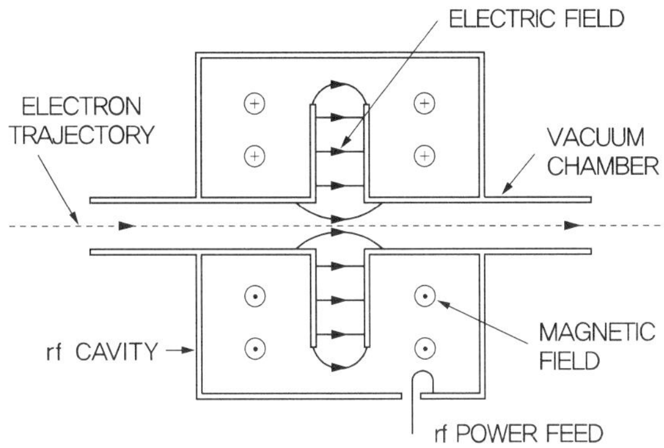

그림 3.2 고주파 가속 공동의 개략도

동기화된 파워 전원으로부터 고주파 파워로 공급된다. 이런 공동들은 전자 궤적들에 따라서 진동하는 전기장을 생성하며 이것들은 전자의 궤적에 따라서 전자에게 에너지를 공급해주는 전기장들의 성분이다. 고주파 시스템은 설계 궤도에 따라 움직이는 한 전자에게 그 궤적에 따라서 순간적인 전기력의 적분과 같은 양인 U_{rf} 양의 에너지를 공급해 준다.

고주파 전기장은 시간에 따라 변하기 때문에 링 주위에 하나의 회로를 만들 때 전자가 얻는 에너지는 회로가 가속장의 진동과 관련하여 시작하는 시간에 의존한다. 이 전기장의 시간 의존성이 주어졌다고 하자. 그때, 한 회전에서 전자가 얻는 에너지 U_{rf}는 전자가 회전을 시작하는 시간 $\bar{t}$에 달려있다 (회전은 어떤 방위각 즉 $s=0$에서 시작한다고 생각할 수 있다.)

전자들이 설계 궤도 상(또는 근처)에 저장된다면, $U_{rf}(\bar{t})$의 변화는 어떤 특성들을 가져야 한다. $U_{rf}(\bar{t})$는 설계 궤도를 순회하는 전자의 회전주기 T_0의 일부분에 해당하는 정수 주기를 갖는 주기함수로 가정할 것이다. 즉,

$$U_{rf}(\bar{t}+T_0/k)=U_{rf}(\bar{t}) \tag{3.25}$$

여기서, k는 고주파 시스템의 고조파수 라고 하는 정수다. $U_{rf}(\bar{t})$의 변화는 예를 들어, 그림 3.3에서 보여진 함수와 비슷하다 (U_{rf}의 가정된 시간 변화는 필요 이상으로 제한적일지라도, 저장링이 작동한다면 고주파 전기장은 최소한 비슷한 특성을 가져야한다. 대부분의 저장링은 일반적으로 가정한 특성을 갖는다).

기준 에너지 E_0를 갖는 전자가 설계된 궤도에 따라 회전할 때, 무엇이 발생하는지

고려해보자. 고주파 이득 $U_{rf}(\bar{t}_s)$이 방사 손실 U_0와 같게 되는 시간 $\bar{t}_s$에서 전자기 운동을 시작한다고 가정하자. 그림 3.3을 보아라. 다음 회전에서 손실 및 이득 에너지는 보상되고 전자는 에너지 E_0로 다시 출발점으로 돌아간다. 회전에 걸리는 시간은 T_0이므로 전자는 $\bar{t}_s + T_0$에서 다음 회전을 시작하며 (3.25)에 의해 고주파 이득은 다시 U_0와 같아진다. 전자는 계속해서 설계 궤도를 무한히 순회할 것이다. 시간 $\bar{t}_s + jT_0$에서 (j=1, 2, 3.....) 기준 방위각을 통과하는 전자는 그것의 회전이 진동하는 고주파 전기장과 동기이기 때문에 동기 전자라고 불린다. $\bar{t}_s$는 일반적으로 고주파 시스템의 동기 위상이라 불리운다 (물론 주기적인 고주파로, 각 고주파 기간당에 동등한 동기 시작 시간들이 있다).

분명히 U_{rf}의 최고값은 동기 전자의 방사 손실 U_0보다 크다고 가정했다. U_{rf}가 양의 기울기와 음의 기울기를 가지는 경우, 실제로 U_{rf}의 각 주기에 $\bar{t}_s$의 두 가지 가능한 선택(적어도)이 있을 것이다. U_{rf}는 양수 기울기 및 음수 기울기를 갖는 것이 있는데 두 가지 중 하나(기울기가 음수인 것)만이 현재 알 수 있듯이 안정적인 평형의 위상에 해당한다. 그래서 그것만이 동기 위상 $\bar{t}_s$로써 지정된다. 또한 그림 3.3에서 고주파 고조파 수 k로, k개의 다른 동기 시작 시간이 있으므로 k개의 구별 가능한 동기 전자가 있음을 알 수 있다. 이러한 k개의 동기 위상은 k개의 가능한 저장된 전자 번치에 해당한다.

설계 궤도에서 횡 방향 변위를 갖고 운동하는 전자는 설계 궤도상에서 움직이는 전자와는 다소 다른 전기장을 받는다. 그러나 전기력의 경로 적분인 하나의 완전한 회전에서의 에너지 이득은 측면 방향 변위에 거의 의존하지 않는 것이 일반적이다. 그러므

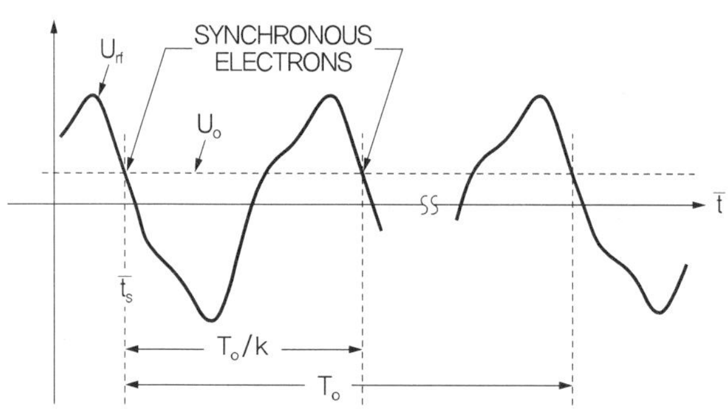

그림 3.3 회전의 시작 시간 t 의 함수로서 고주파 시스템으로 부터 에너지 이득

로 그러한 횡 방향 변위에 대한 에너지 이득의 의존성 - 그것들이 에너지 편차 또는 베타트론 진동에 의한 것이든 - 을 무시할 것이다. 그리고 시작 시간 $\bar{t}$에 대한 에너지 이득의 중요한 변화만을 단지 고려할 것이다.

동기 전자의 순회하는 위치는 번치내에서 전자의 종축방향 진동들의 연구에 편리한 기준점을 제공한다. 실제로 동기 전자의 위치를 번치의 "중심"으로 언급할 것이다. 그리고 번치 중심에서 종축 방향 변위 y를 줌으로써 번치내의 다른 전자의 순간적인 방위각 위치를 기술할 수 있다. 즉,

$$y(t) = s(t) - s_c(t) \tag{3.26}$$

여기서 s는 특정 전자의 방위각 위치이고, s_c는 번치 중심의 위치를 나타낸다. 그림 3.4을 보아라.

현재 논의를 위해, 종축 방향 운동을 다음과 같이 간단히 정의된 동등한 변수 τ로 기술하는 것이 다소 편리하다는 것을 알게 되었다.

$$\tau(t) = y(t)/c \tag{3.27}$$

τ는 번치의 중심으로부터의 시간 변위이다 (시간 변위는 어떤 특정 방위각에서의 전자의 도달과 동기 전자의 도달 사이의 시간 간격 Δt와 거의 동일하다. τ의 느린 변화율이 무시될 수 있기 때문에 그 차이는 시간 $\Delta t = \tau$에서 τ의 변화와 동일하다.) 전자가 동기 전자보다 앞서서 각 방위각에 도달할때 시간 변위 τ는 양의 값이 됨을 주목하라.

고주파 전기장들의 시간 변화 때문에 동기 전자만이 매 회전에서 에너지 U_0를 받을

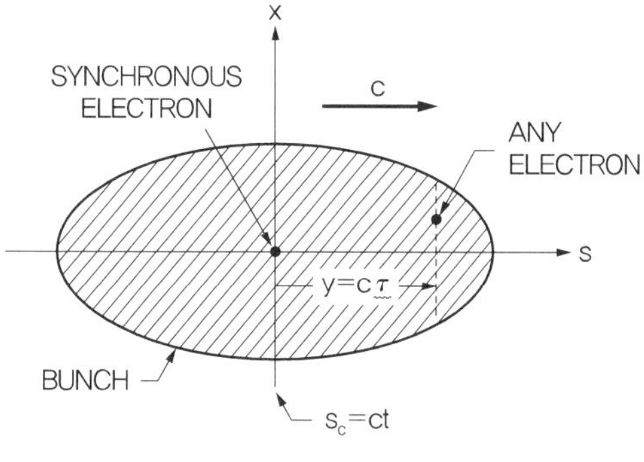

그림 3.4 한 번치내에서 전자의 종축 좌표들 y와 τ

것이다. 다른 전자는 한 회전에서 시간 변위 τ에 의존하는 에너지 U_{rf}를 얻게 된다.

기존의 표기에 따라서

$$U_{rf} = e\,V(\tau) \tag{3.28}$$

이며, 여기서 e는 전자 전하이고 $V(\tau)$는 "고주파 전압"이라고 불리며, DC 가속 시스템과 유사하다. $V(\tau)$의 형태는 물론 $U_{rf}(\tau)$에 관련되며 구체적으로는 다음과 같다.

$$e\,V(\tau) = U_{rf}(\overline{t_s} - \tau) \tag{3.29}$$

τ와의 변화는 $\bar{t}$와의 변화와 반대이므로 그림 31의 에너지 이득 함수는 그림 33에 보여진 $V(\tau)$를 주게된다. 여기서 $\tau = 0$은 동기 전자의 시간 변위에 해당한다. $V(\tau)$의 기울기는 $\tau = 0$에서 양의 값음에 주목하라.
아마도 고 에너지 링의 전형적인 다중 공동 시스템의 유효 "전압"은 관측 가능한 전기적 "전압"에 단순하게 관련되지 않지만 그 시스템에서 다양한 고주파 공동들의 상대 위치들과 진동 위상들에 의존한다. 실제로 전압 $V(\tau)$는 링 주위의 순회에 의존할 수 있으며, 따라서 링 주위를 한 방향으로 순회하는 전자 및 반대 방향으로 순회하는 양전자에 대해서 상당히 다를 수 있다.

이제 저장링에서 순회하는 번치내 전자의 에너지 진동을 고려할 준비가 되었다. 무엇이 일어날지 먼저 정성적으로 살펴보자. 전자는 초기에 기준 에너지 E_0를 가지지만 양의 시간 변위 τ를 가져서 동기 위치보다 앞서 있다고 가정하고 방사 손실은 에너지에만 의존하므로 각 회전마다 U_0가 된다. 그러나 에너지 이득은 U_0보다 클 것이다. 전자는 각 회전마다 여분의 에너지를 얻게 된다. 그러나 에너지의 증가는 식 (3.15)에 의해 회전 시간을 더 길어지게 한다. 따라서 번치 중심에 대한 시간 앞섬은 줄어들기 시

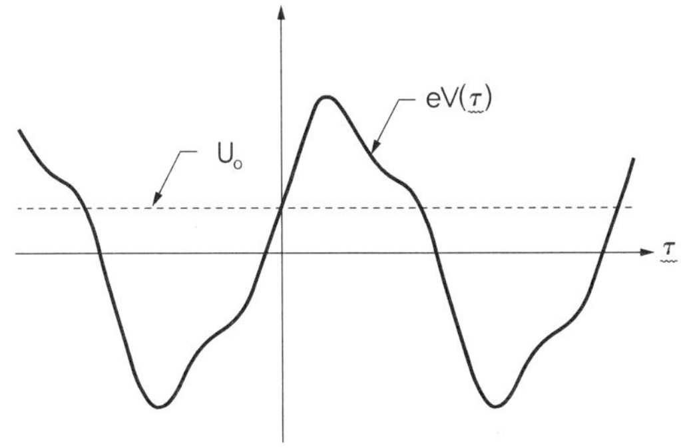

그림 3.5 고주파 전압 함수 $V(\tau)$

작한다. 어느정도 회전 후에는 시간 변위가 0으로 감소한다. 그러나 그때까지 전자의 에너지는 기준 에너지 E_0보다 높을 것이다 - 전자는 계속해서 에너지를 얻어 왔으므로 - 그래서 시간 변위는 이제 τ의 음의 값으로 계속 감소할 것이다. 그러나 τ의 음의 값에서 에너지 이득은 너무 작아서 방사에 의한 에너지 손실을 보상할 수 없으며 전자의 에너지는 기준 에너지 쪽으로 감소하기 시작한다. 기준 에너지에 도달하면 시간 변위는 감소를 멈춘다. 그러나 그것이 음의 값을 갖기 때문에 매 회전 당 에너지 이득은 U_0보다 작아지고 에너지는 E_0 아래로 떨어지기 시작할 것이다. 이제 시간 변위가 0으로 되돌아간다. τ가 시작 값으로 돌아갈 때까지 이 과정은 계속 진행되며, 이 시점에서 에너지는 다시 E_0가 된다.

다음은 이러한 기술을 정량적으로 살펴보자. 먼저 시간 변위 τ의 변화를 보자. 번치 중심이 임의로 선정된 기준점에 있을 때 매 회전마다 번치를 관찰함으로써 무엇이 일어나고 있는가를 추적하는 것이 편리하다. 자기장이 없는 영역 (자석 또는 고주파 공동에서 멀리 떨어진 곳)에서 기준점을 취하면 논의는 매우 쉬어진다. 그림 3.6에서, 기준 방위각의 2회의 연속적으로 통과시 같은 번치에 대한 두개의 "그림"을 나타낸다. 각 그림에서 번치 중심은 기준 방위각에 있으므로 두 그림들 사이의 시간 간격은 설계 궤도에서 회전 시간 T_o로 된다.

이 그림들은 번치의 특정 전자 "전자 A"의 위치를 보여준다. 첫 번째 그림에서 전자 A는 거리 y_1만큼 번치 중심보다 앞에 위치한다. 두 번째 그림에서 종 방향 변위는 y_2

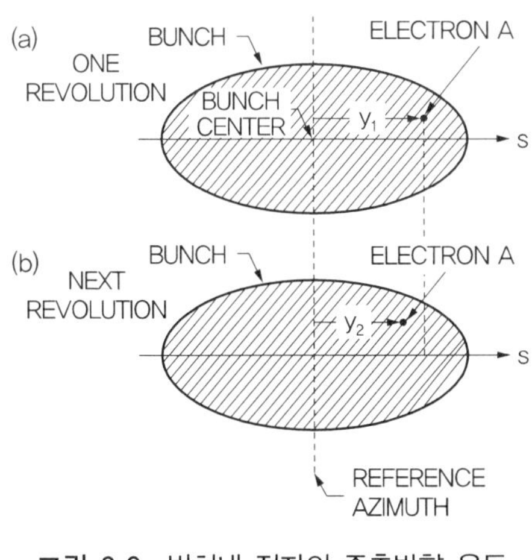

그림 3.6 번치내 전자의 종축방향 운동

로 감소했다. 두 그림 사이에서 번치 중심이 설계 궤도 주위로 1회전시 이동한 거리는 $L = cT_0$이다. 그리고 전자 A는 속도 c로 움직이기 때문에 L과 똑같은 경로 길이를 움직였다. 그러나 기준 에너지로부터 에너지 편차 ϵ가 있는 경우, 1회전 (y_1으로 되돌아감)시의 위한 경로 길이는, 3.2절에서 보는 바와 같이, L보다 δl만큼 많은 양이 된다.

$$\frac{\delta l}{L} = \alpha \frac{\epsilon}{E_0}$$

전자 A는 작은 거리 $\delta y = -\delta l$만큼 이전 방위각에 도달하지 못하므로 다음과 같이 되며

$$y_2 - y_1 = \delta y = -\alpha \frac{\epsilon}{E_0} L \tag{3.30}$$

회전 동안 τ의 변화는 다음과 같다.

$$\delta \tau = \frac{\delta y}{c} = -\alpha \frac{\epsilon}{E_0} \frac{L}{c} = \alpha \frac{\epsilon}{E_0} T_0 \tag{3.31}$$

두 그림 사이의 시간은 T_0이기 때문에 τ의 시간 변화율은 $\delta\tau / T_0$이거나 다음과 같다.

$$\frac{d\tau}{dt} = -\alpha \frac{\epsilon}{E_0} \tag{3.32}$$

간단히 얻은 좋은 결과이다.

다음은 에너지 변화이다. 회전 동안에 전자 A는 방사에 의해 에너지 $U_{rad}(\epsilon)$를 잃어버렸고 고주파 시스템으로부터 에너지 $eV(\tau_1)$를 얻으므로 1회전 동안의 에너지 전체 변화는 다음과 같다.

$$\delta U = eV(\tau_1) - U_{rad}(\epsilon) \tag{3.33}$$

완전한 한 회전에 대해 평균한 에너지 편차 ϵ의 변화율은 $\delta U / T_0$이다. 따라서 다음을 얻는다.

$$\frac{d\epsilon}{dt} = \frac{eV(\tau) - U_{rad}(\epsilon)}{T_0} \tag{3.34}$$

(τ_1에서 τ_2, τ_3 등으로 부드러운 보간법에 의해 얻어진 연속 변수로써 사용할 수 있기 때문에 τ에 아래첨자를 생략할 수 있다.)

두 결합 방정식 (3.32)와 (3.34)는 저장된 전자의 에너지 진동과 시간 변위의 관련된

진동들을 나타낸다. 두 식이 ϵ과 τ의 시간 변화를 주기 위해서는 함께 풀어져야 한다.

불행하게도, 작은 에너지 편차들과 관련된 시간 변위들은 $V(\tau)$의 변화의 완전한 주기의 상당 부분에 걸쳐있을 수 있다는 점에서 그 자체가 작을 필요는 없다는 것이 밝혀질 것이다. 이것은 선형적인 항들에서 보지 못할 수 있는 하나의 사례가 될 것이다. 때때로 $V(\tau)$의 전체 비선형 변화를 고려해야할 필요가 있다. 그러나 다른 경우에서는, 작은 시간 변위에 해당하는 작은 에너지 진동에 주의를 집중해야 할 것이다. 그러한 진동의 경우, $V(\tau)$의 변화의 선형 부분만 유지할 필요가 있다. $\tau = 0$에서 가속 에너지 이득은 정의에 따라 U_0이므로, 다음과 같이 쓸 수 있다.

$$U_{rf} = e\,V(\tau) = U_o + e\,\dot{V}_o\tau \tag{3.35}$$

여기서 $\dot{V}_o$는 $\tau = 0$에서 계산된 $dV/d\tau$를 나타내고 낸다.

저장링의 고주파 전압이 시간에 따라 정현적인 변동을 갖는 것은 매우 일반적이다. 그런 경우에 다음을 갖게된다.

$$V(\tau) = \hat{V}\sin\omega_{rf}(\tau - \tau_0) \tag{3.36}$$

여기서 $\hat{V}$는 "피크 고주파 전압"이며, $\omega_{rf}\tau_0$는 "동기 고주파 위상각"이다. 이러한 가정들로

$$\omega_{rf} = 2\pi\frac{k}{T_0} = k\,\omega_r \tag{3.37}$$

이 되며 또한 다음과 같이 된다.

$$\omega_{rf}T_0 = \sin^{-1}(U_0/e\,\hat{V}) \tag{3.38}$$

$$\dot{V}_0 = \omega_{rf}\,\hat{V}\cos\omega_{rf}\tau_0 = \omega_{rf}\,\hat{V}\left\{1 - \left(\frac{U_0}{e\,\hat{V}}\right)^2\right\}^{1/2} \tag{3.39}$$

3.5 | 작은 진동

번치내에 있는 전자들의 에너지 진동에 대해서 자세히 분석할 준비가 되었다. τ의 변화들이 $V(\tau)$의 근사적으로 선형적인 부분에 대응하는 작은 구간에 국한될 경우에

만 발생하는 작은 (선형적인) 진동인 경우에 대해서 먼저 살펴 볼 것이다. 다음 절에서는 τ가 클 때 발생하는 비선형적 진동에 대해서 살펴본다.

작은 τ와 ϵ경우, $V(\tau)$와 $U_{rad}(\epsilon)$는 식 (3.35)와 식 (3.23)의 선형적인 근사들로 대체할 수 있다. 그러면 식 (3.24)는

$$\frac{d\epsilon}{dt} = \frac{1}{T_0}(e\dot{V}_o\tau - D\epsilon) \tag{3.40}$$

이 된다. 이 식은 ϵ 혹은 τ에 대한 미분방정식을 주기 위하여 식 (3.32)와 결합될 수 있다. τ를 선정하기로 가정하자. 식 (3.32)의 시간 도함수를 취하고 ϵ를 소거하면, 다음 식을 얻을 수 있다.

$$\frac{d^2\tau}{dt^2} + 2\alpha_\epsilon\frac{d\tau}{dt} + \Omega^2\tau = 0 \tag{3.41}$$

여기서

$$\alpha_\epsilon = \frac{D}{2T_0} \tag{3.42}$$

$$\Omega^2 = \frac{\alpha e\dot{V}_0}{T_0 E_0} \tag{3.43}$$

식 (3.41)은 진동 (각) 주파수 Ω, 감쇠 계수 α_ϵ를 갖는 감쇠 조화진동을 묘사하고 있다는 것을 알 수 있다. 저장링에서 감쇠율은 항상 느리기 때문에 ($\alpha_\epsilon \ll \Omega$), 식 (3.41)의 해는 다음과 같이 쓸 수 있다.

$$\tau(t) = Ae^{-\alpha_\epsilon t}\cos(\Omega t - \theta_0) \tag{3.44}$$

여기서 A와 θ_0는 임의의 상수이다. 또한 복소수 표기를 사용하면

$$\tau(t) = \tilde{\tau}e^{-(\alpha_\epsilon - i\Omega)t} \tag{3.45}$$

이며, τ는 복소 상수이다.

식 (3.40)과 식 (3.32)는 ϵ에 대해서 풀 수 있으며, τ와 같은 미분 방정식 (3.41)을 만족한다. 따라서 ϵ의 시간 변화는

$$\epsilon(t) = \tilde{\epsilon}e^{-(\alpha_\epsilon - i\Omega)t} \tag{3.46}$$

이다. 식 (3.32)로부터 $\tilde{\epsilon}$와 $\tilde{\tau}$는

$$\tilde{\epsilon} = -i\frac{\Omega E_0}{\alpha}\tilde{\tau} \tag{3.47}$$

의 관계식을 가지며, ($\alpha_\epsilon \ll \Omega$이기 때문에) ϵ과 τ의 진동들은 $\pi/2$의 위상차를 갖게된다.

작은 에너지 진동들에서의 진동 주파수는 $\dot{V}_0$를 통해서 단지 고주파 시스템에만 의존한다는 것에 주목하시오. 주파수는 등시 위상에서 고주파 기울기의 제곱근에 비례한다. α, T_o, E_o와 같은 다른 파라미터들은 (운전 에너지를 포함해서) 자기장에 관한 특성이다. 감쇠 시간 상수의 역수인 에너지 진동들의 감쇠 상수인 α_ϵ는 에너지에 대한 방사손실의 변화율인 D에 비례한다. 보게되는 바와 같이 이 비율은 전자 에너지와 자기장의 특성에 의존한다.

지금까지 나타난 다양한 양들에 대해 크기를 나타내려고 한다. 1 GeV 전자 저장링은 다양한 (각) 주파수들에 대해서 다음과 같은 전형적인 크기를 갖는다.

$$\omega_r = 2\pi/T_0 \approx 10^7\,\mathrm{sec}^{-1}$$

$$\omega_\beta = \nu\omega_r \approx 3\,\omega_r$$

$$\Omega \approx 10^4\,\mathrm{sec}^{-1}$$

$$\alpha \approx 10\,\mathrm{sec}^{-1}$$

ω_r/Ω와 Ω/α_ϵ의 비율이 큰 것은 우리가 취했던 근사가 정당함을 보여준다.

감쇠의 부재에서 ϵ과 τ는 공액 변수이다. ϵ가 τ에 대해서 그려진 위상도에서, 진동들은 타원 주위를 주기적으로 운동하는 점으로 기술된다. 그림 35(a)를 보아라. 타원의 두 반장축들의 비는 식 (3.45)에 의해 다음과 같다.

$$\frac{\epsilon_{\max}}{\tau_{\max}} = \frac{|\epsilon|}{|\tilde{\tau}|} = \frac{\Omega E_0}{\alpha} \tag{3.47}$$

만약 타원이 원이 되도록 스케일링이 된다면, 기준 점은 상수 각 진동수 Ω로 회전한다. 감쇠로, 타원의 크기는 천천히 감소하고, 위상 궤적은 그림 35(b)에 나타난것처럼 천천히 내부로 향하는 나선형이 된다. 위상도는 왜 감쇠가 dU_{rad}/dE에 의존하는가를 명백히 보여준다. 만약 이 미분값이 양이면, 전자는 타원의 상반부에 있는 동안 약간의 여분 에너지를 잃고, 타원의 하반부에 있는 동안 약간의 여분 에너지를 얻는다. 따라서 전자는 항상 τ의 축을 향해 이동하며 진동 진폭은 dU_{rad}/dE에 비례하여 감소한다.

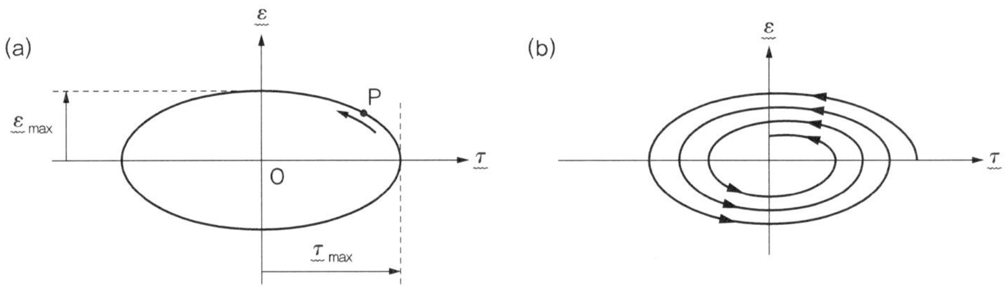

그림 3.7 에너지 진동들에 대한 위상도 (a) 감쇠없는 경우 (b) 감쇠가 있는 경우 (감쇠률은 상당히 과장되었다)

해에 따라서, 모든 전자들의 에너지 진동들은 결국 완전히 감쇠되고, 결국 동기 전자에서 그치게 된다. 하지만 아직 진동을 일으켜 완전히 제로가 되는 것을 막게하는 양자 영향들에 의한 진동들의 여기를 고려하지 않았다. (이러한 것들은 다음 단락에서 고려된다.) 정상 조건하에서 어떤 저장된 전자는 여기와 감쇠사이에 균형이 있는 잔여의 진동 진폭을 가지게 될 것이다. 이 두 과정들은 둘 다 느리기 때문에, 짧은 시간동안 에너지 진동을 그림 3.6(a)처럼 고정된 위상 타원으로 묘사할 수 있다.

에너지 진동들은 번치내에서 전자들의 종축 방향 (z 방향 또는 τ) 진동과 관계 할 뿐만 아니라, 횡방향 성분도 가진다는 것을 기억해야 한다. 식 (3.3)에 따라서, 에너지 편차는 ϵ에 비례하는 변위 x_ϵ를 가져오며 x_ϵ는 ϵ에 비례한다. 따라서 총 수평 변위 성분 x_ϵ는 에너지 진동들과 동기적으로 진동한다. 일반적으로, 이러한 에너지 진동들의 횡방향 현상은 (정상 조건아래에서) 베타트론 진동들과 같은 크기를 가진다.

3.6 | 큰 진폭 진동; 에너지 구경

저장링 자기장은 일반적으로 기준 에너지의 약 2−3% 퍼센트 정도의 작은 에너지 범위만 수용할 수 있고, 자기 집속력은 일반적으로 전체 에너지 범위에서 상당히 선형적이다. 그러나 매우 작은 에너지 편차 조차도 시간 변위 τ에서 큰 진동으로 대응 될 수 있다. 큰 진동이라는 것은 $V(\tau)$가 τ에 선형적인 의존으로부터 상당히 멀어진다는 것을 의미한다. 이런 큰 진폭들은 피크 고주파 전압이 방사 손실보다 더 크지 않거나 (흔히 고에너지 경우에서처럼) 고주파 고조파 수 k가 매우 클 때 전형적으로 발생할 수 있다. 큰 진동은 저장링의 에너지 구경 또는 “acceptance”를 결정하는데 중요하게 작용하기 때문에 큰 진폭 진동을 적어도 잠시 고찰을 해야 한다. 그러나 고주파 주기의 대부분을 포함할 수 있는 동안 큰 시간 변위들을 다루더라도 최대 에너지 편차는 여전히 작고, 에너지 입장에서는 매우 작은 부분임을 염두 해 두어야 한다.

이전 절의 두 가지 기본 결과인 식 (3.32)와 식 (3.34)으로 시작하자. 예전처럼, 에너지 편차는 작기 때문에 U_{rad}를 $U_0 + D\epsilon$로 대체한다. 하지만 $V(\tau)$는 어떠한 단순화 없이 유지해야 한다. 식 (3.34)에 대해 다음을 얻는다.

$$\frac{d\epsilon}{dt} = \frac{eV(\tau) - U_0}{T_o} - \frac{D\epsilon}{T_0} \tag{3.48}$$

식 (3.32)를 이용하여 ϵ과 τ에 관한 시간 도함수로 표현하면 다음 식을 얻는다.

$$\frac{d^2\tau}{dt^2} = -\frac{\alpha}{E_0 T_0}\{eV(\tau) - U_0\} - \frac{D}{T_0}\frac{d\tau}{dt} \tag{3.49}$$

이 식은 모든 진폭에 대한 τ의 변화를 표현한다.

매우 익숙한 다음의 방정식을 살펴보자

$$m\frac{d^2x}{dt^2} = F(x) - \mu\frac{dx}{dt} \tag{3.50}$$

위 식은 질량이 m이고, 보존력장 $F(x)$에서 움직이는 입자의 1차원 x 운동을 나타내고, 속도에 비례하는 마찰항력을 겪는다. 식 (3.49)와 식 (3.50)을 직접 비교함으로서, 식 (3.49)을 이해할 수 있다. ϵ에서의 운동은 보존력장에서 운동하는 단위 질량 입자의 운동과 정확히 같다.

$$F(\tau) = -\frac{\alpha}{E_0 T_0}\{eV(\tau) - U_0\} \tag{3.51}$$

위 식은 항력 계수 D/T_0를 가진 속도에 비례하는 마찰항력에 구속 받는다.

일반적으로, τ에서의 운동은 수치계산에 의해 평가될 수 있다. 그러나 마찰항이 0이 될때 무엇이 발생할지를 먼저 고려함으로서 운동에 대한 영감을 얻을 수 있다. 마찰력은 매우 작고 후에 섭동으로써 고려될 수 있다. 식 (3.51)에 의해 주어진 $F(\tau)$로 다음 운동을 고려해보자.

$$\frac{d^2\tau}{dt^2} = F(\tau) \tag{3.52}$$

이런 식은 종종 힘의 적분에 음의 부호를 붙인 퍼텐셜 에너지 함수 $\Phi(\tau)$를 정의함으로서 다루어진다. $\Phi(\tau)$를 다음으로 정의한다.

$$\Phi(\tau) = \frac{\alpha}{E_0 T_0}\int_0^{\tau}\left\{e\,V(\bar{\tau}) - U_0\right\}d\bar{\tau} \tag{3.53}$$

에너지 보존 원리를 이용하여 이 운동을 분석할 수 있다. 각 순간에서 퍼텐셜 에너지 $\Phi(\tau)$와 운동 에너지 (여기서는 $\frac{1}{2}(d\tau/dt)^2$)의 합은 총 에너지로써 상수가 되어야 한다. 총 에너지는 최대값 Φ_0를 갖으며 이는 $d\tau/dt$가 0일 경우 일어나는 $\Phi(\tau)$에 의해 얻어질 수 있다.

$$\frac{1}{2}\left(\frac{d\tau}{dt}\right)^2 = \Phi_0 - \Phi(\tau) \tag{3.54}$$

로 나타낼 수 있다.

에너지 이득함수 $e\,V(\tau)$는 그림 3.7(a)에 있는 형태를 가진다고 가정하고, 동기 에너지 이득 U_0는 그림에 보여져 있다. 이때 $\Phi(\tau)$는 그림 (b)에 있는 것처럼 그려질 것이다. 매우 전형적인 형태이다. $-U_c$의 평균 기울기를 갖는 $\Phi(\tau)$는 하강 추세임을 주목하라. 이것은 고주파 가속장은 각 완전한 사이클에 대해 (적어도 가장 낮은 주파수의 각 완전 사이클동안) 0으로 적분해야 하기 때문에 발생한다.

이제 시간 변위 진동들의 특징을 알 수 있다. 이 운동은 하나의 점 입자 (하나의 전자)가 $\Phi(\tau)$에 의해 나타내어진 언덕 표면상에서 이리 저리로 미끄러지는 것과 같다. 여기서 τ는 수평방향의 공간좌표로 생각해야 한다. 먼저, $\tau=0$에서 퍼텐셜 최소가 된다. 만약 전자를 $\tau=0$인 곳에 두면, 정지 상태로 있게 된다. 이것이 "동기 전자"이다. 그러나 만약 전자를 τ_1에 두면 즉, 언덕의 A지점에 있다면, 언덕을 내려와 B지점으로 올라 갈 것이다. A와 B 지점은 $\Phi_0 = \Phi(\tau_A)$로 같다. τ_A와 τ_B에서, "운동에너지"는 0이 될 것이다. 전자가 $\tau=0$ 지점을 지날 때 운동 에너지는 최댓값에 도달할 것이다. 각각의 τ에서 운동 에너지는 식 (3.54)와 같이 주어지고, 이로부터 각 τ에서의 "속도"를 얻을 수 있다.

$$\frac{d\tau}{dt} = \pm\sqrt{2}\,[\Phi_0 - \Phi(\tau)]^{1/2} \tag{3.55}$$

식 (3.32)에 따라서 속도는

$$\frac{d\tau}{dt} = -\alpha \frac{\epsilon}{E_0}$$

이어서, 각 τ에서 (실제 전자의) 에너지 편차는 다음과 같이 주어진다.

$$\frac{\epsilon(\tau)}{E_0} = \mp \frac{\sqrt{2}}{\alpha} \left[\Phi_0 - \Phi(\tau)\right]^{1/2} \tag{3.56}$$

ϵ와 τ에 대한 위상도를 그리면 그림 3.7에서 보여진 곡선과 같이 다소간 타원형의 곡선을 얻을 수 있다. 매 1/2주기 동안 제곱근에 대한 적당한 부호를 선택해야한다.

만약 마찰 항을 - 방사 감쇠 - 포함한다면 무엇이 발생하는가를 알 수 있다. 각각의 진동 사이클 동안 소량의 에너지는 전체 에너지의 감소로 인해 잃게 된다. (이 운동을 정현의 운동으로 근사함으로써 이 손실을 평가할 수도 있다.)

τ의 안정적인 (주기의) 진동에 최대 진폭이 있다는 것은 분명하다. 이것은 전자가 τ_3에 있는 언덕의 최댓값에 도달할 수 있을 때 일어난다 (그림 3.5(b)의 C지점), 여기서 $\Phi(\tau)$는 Φ_{max}값을 갖는다. 더 큰 진폭을 가진 전자는 최대치를 넘어 다음 골짜기로 이동할 것이고, 더 많은 "운동 에너지"를 가지고 저장링에서 없어질때까지 영구히 이동할 것이다.

최대 안정 진동은 C지점과 D지점 사이에서 운동 한다. C지점은 $eV(\tau)$가 U_0와 같아지는 지점임을 주목하라. (C지점의 왼쪽에서 실제 전자는 항상 에너지를 얻고, τ의 원점으로 되돌아가려고 한다.) D지점에서 진동의 또 다른 극한은 $\Phi(\tau)$가 다시 Φ_{max}(C지점의 값)와 같아진다는 것 외에는 특별한 특징은 없다. C지점에서는 속도와 가속이 둘 다 0이지만 D지점에서는 그렇지 않으므로, 극한 진동의 위상도는 약간 특이하다. 무한대의 시간동안 이상적인 경우 전자는 C지점에서 머무를것이다. 그 결과 위상도는 그림 3.7의 곡선 b처럼 "모퉁이"를 가질 것이다. 이 특별한 곡선은 불안정한 궤적과 안정한 진동을 분리해주기 때문에 분할선이라 부른다. 그림 3.7의 점 P에 대응하는 어떤 에너지 변이 ϵ과 시간 변위 τ를 가지고 저장링으로 입사된 전자는 다소간 타원 폐곡선상에서 순회할 것이다 (감쇠를 무시하고서). 만약 전자가 분할선 밖의 점으로 입사된다면, 그 전자는 잃어져 버린다.

이제는 고주파 시스템이 저장링의 에너지 구경을 어떻게 결정할 수 있는가를 알수 있다. 그림 3.7의 $\pm\epsilon_{max}$보다 더 큰 에너지 편차는 저장링에서 존속 될 수가 없다. 만약 ϵ과 관련된 횡축의 변위 x_ϵ가 전자로 하여금 지름방향 구경을 제한하는 어떤 물리적 장해물과 부딪치게 하는 원인이 된다면, 전자는 더 작은 에너지 편차에서 손실될 것이다. 그러나, 정상적으로 고주파 제한은 먼저 정해지며 에너지 구경은 $\pm\epsilon_{peak}$이다. 식 (3.56)으로부터

$$\frac{\epsilon_{max}}{E_0} = \frac{1}{\alpha}(2\Phi_{max})^{1/2} \tag{3.57}$$

만약 식 (3.36)에서 기술된바와 같이 순수한 정현형태의 고주파 전압 함수의 특별한 경우에 대해서 $\Phi(\tau)$를 알아본다면 다음을 얻게 된다.

$$\Phi_{max} = \frac{\alpha U_0}{2\pi k E_0} F(q) \tag{3.58}$$

$$q = \frac{e\widehat{V}}{U_o} \tag{3.59}$$

이것은 과전압이고, 동기 전자를 저장하기 위해 요구되는 피크 고주파 전압과 최소 전압과의 비이다. 그리고

$$F(q) = 2\left\{\sqrt{q^2-1} - \cos^{-1}(1/q)\right\} \tag{3.60}$$

로 주어진다. 이 경우 에너지 구경 ϵ_{max}는 다음과 같다

$$\left(\frac{\epsilon_{max}}{E_0}\right)^2 = \frac{U_0}{\pi\alpha k E_0} F(q) \tag{3.61}$$

구경 함수 $F(q)$는 그림 3.8에 그려져 있다. q의 값이 큰 경우,

$$F(q) \rightarrow 2q - \pi \tag{3.62}$$

만약 에너지 구경 밖에서 전자가 출발한다면 즉, 그림 3.8(b)에서 곡선 $\Phi(\tau)$의 D지점에서 전자가 입사되면 그 위상 궤적은 그림 3.11에 그려진 곡선들 중에 하나가 되는 것을 알 수 있다. 그림 3.11에는 3개의 연속적인 분할선과 몇 개의 불안정한 궤적이 그려져 있다. 일단 전자가 안정한 영역 밖을 나가게 되면 (운이 좋은 경우를 제외하고) 영원히 밖에 머무르게 됨을 알 수 있다.

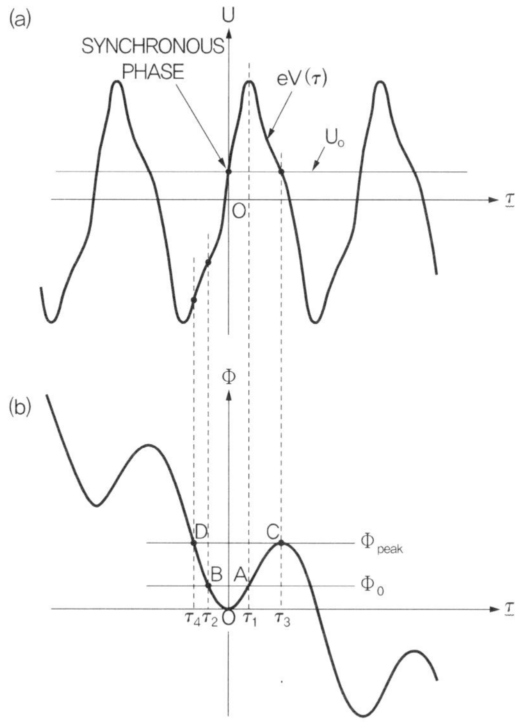

그림 3.8 (a) 고주파 가속 함수 $eV(\tau)$ (b) 유효 퍼텐셜 에너지 함수 $\Phi(\tau)$

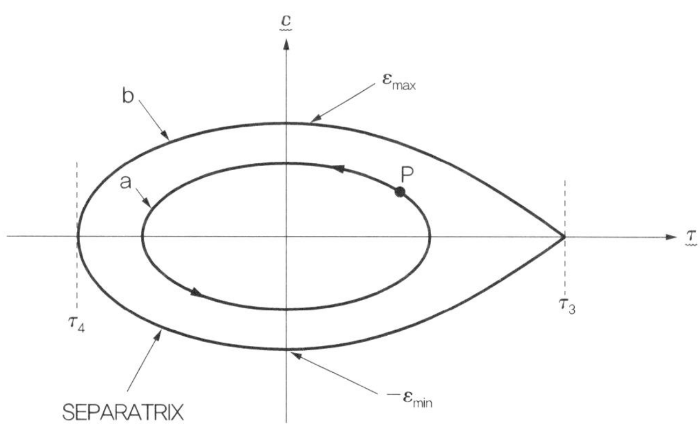

그림 3.9 큰 진동들에 대한 위상도. 속박된 에너지 진동들은 단지 분할선내에서 일어난다.

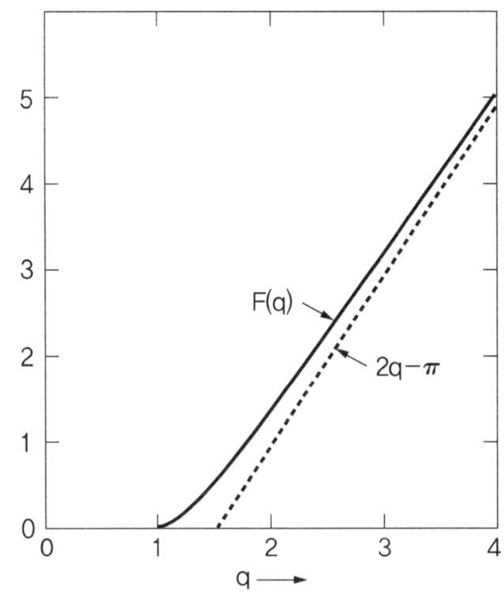

그림 3.10 에너지 구경 함수 $F(q)$

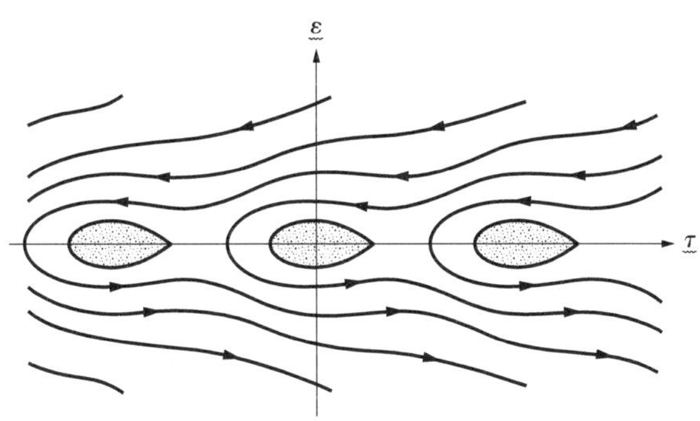

그림 3.11 번치내에서 포획않된 전자들에 대한 위상 궤적들 (정성적 인 스케치)

CHAPTER

04 방사 감쇠

4.1 | 에너지 손실

거시적 역장에서 가속되는 상대론적인 전자는 가속력의 제곱에 비례하는 율로 전자기 에너지를 방출할 것이다. 그 비율은 힘과 전자 속도간의 각도에 의존하며, 힘이 속도에 수직일 때가 평행할 때보다 $\gamma^2=(E/mc^2)^2$ 만큼 더 크다. 저장링에서 전형적인 종방향 힘(가속 시스템으로부터)은 전형적인 횡방향 자기력보다 훨씬 더 작으며, γ^2은 사실 큰 값이어서 자기력들을 수반하는 방사 영향들만을 고려할 필요가 있다.

P_γ는 방사에 의한 에너지 손실률로써 다음과 같이 쓸 수 있다.

$$P_\gamma=\frac{2}{3}\frac{r_e c}{(mc^2)^3}E^2F_\perp^2 \tag{4.1}$$

여기서 m은 전자의 정지질량이며, r_e는 전자의 고전적인 전자 반경이고, $F_\perp$는 전자에 미치는 자기력이다. 다음 상수를 정의하는 것이 편리하다.

$$C_\gamma=\frac{4\pi}{3}\frac{r_e}{(mc^2)^3}=8.85\times10^{-5}meter-GeV^{-3} \tag{4.2}$$

이때, $F_\perp=ecB$이므로, 방사된 파워는 다음과 같이 주어진다

$$P_\gamma=\frac{e^2c^3}{2\pi}C_\gamma E^2B^2 \tag{4.3}$$

순간적인 파워는 에너지 및 국부 자기장 세기의 제곱근에 비례한다. 때때로 자기력을 궤적의 국부적인 곡률 반경 ρ의 관점에서 표현하는 것이 유용하다.

$$P_\gamma = \frac{cC_\gamma}{2\pi}\frac{E^4}{\rho^2} \tag{4.4}$$

설계 궤도상에서 순회하는 전자는 기준 에너지 E_0를 가지고 반경 $\rho_s = 1/G$ 상에서 운동을 한다 (2.2절을 보시오). 회전당 방출된 에너지 U_0를 구하기 위해 P_γ를 저장링 둘레에 대해 시간 적분을 해야 한다. $dt = ds/c$ 이므로,

$$U_0 = \frac{C_\gamma E_0^4}{2\pi}\oint G^2(s)ds \tag{4.5}$$

이 적분을 저장링의 원주 $L = 2\pi R$와 G^2의 평균을 곱한 것으로 표기할 수 있어서

$$U_0 = C_\gamma E_0^4 R < G^2 > \tag{4.6}$$

등자기장 경우, 곡선구간 길이 $2\pi\rho_0$에서는 $G = G_0 = 1/\rho_0$이며, 그 외의 구간에서는 0 이므로

$$< G^2 > = \frac{Go}{R} = \frac{1}{R\rho_o} \quad \text{(등자기장)} \tag{4.7}$$

$$U_0 = \frac{C_\gamma E_0^4}{\rho_0} \tag{4.8}$$

고정된 반경 ρ_0에 대해서, 매 회전당 방출된 에너지는 전자 에너지의 4승으로 변화한다. 5 미터 반경상에서 움직이는 1 GeV의 전자는 매회전당 17 keV 에너지를 잃는다.

방사된 평균 파워는 U_0/T_0 이며, $T_0 = c/2\pi R$는 회전당 경과된 시간이다. 일반적인 자기장에 대해서,

$$< P_\gamma > = \frac{cC_\gamma}{2\pi}E_0^4 < G^2 > \tag{4.9}$$

등자기장 링에서는

$$< P_\gamma > = \frac{cC_\gamma}{2\pi}\frac{E_0^4 G_0}{R} = \frac{cC_\gamma E_0^4}{L\rho_0} \quad \text{(등자기장)} \tag{4.10}$$

이상적인 궤도상에 있지 않은 전자는 다른 비율로 방사한다. 먼저 기준 에너지 E_0를

가지지만 저장링에서 베타트론 진동을 하는 전자를 먼저 고려하자. 이 경우 방사율은 베타트론 변위 때문에 약간 다른 자기장을 통과하므로 설계 궤도상에서 운동하는 전자와는 차이가 있을 것이다. 하지만 각 방위각에서 변위는 똑같게 양수이거나 음수이다. 그리고 자기장들은 변위에 대해 오직 선형적인 변화를 갖는 것으로 가정하였다. 그러므로, 베타트론 진폭에서 일차항 근사로, 베타트론 사이클에 대해 평균한 방사파워는 설계 궤도상의 전자의 경우와 같다.

하지만 E_0와는 다른 에너지를 갖는 전자의 경우는 같게 되지 않는다. 이런 경우는 다음 절에서 분석될 것이다.

초-상대론적 전자들에 대해서, 방사는 주로 운동 방향에 따라서 방출되며 대부분의 방사는 각도 $1/\gamma$이내에서 방출된다. 방사 반작용력은 - 그러므로 모멘텀 변화를 동반하는 - 운동방향과는 정확히 정반대이다. 방사의 유일한 효과는 운동방향의 변화 없이 전자의 에너지만을 감소시키는 것이다.

4.2 | 에너지 진동들의 감쇠

3.5장에서 작은 에너지 진동들은 에너지에 따른 방사 손실의 변화에 비례하는 비율로 감쇠하는 것을 보았다. 식 (2.43)과 식 (3.24)로부터 감쇠 계수 α_ϵ은

$$\alpha_\epsilon = \frac{D}{2T_0} = \frac{1}{2T_0}\left(\frac{dU_{rad}}{dE}\right)_0 \tag{4.11}$$

여기서 U_{rad}는 회전당 에너지 손실이다. 전자 에너지가 기준 에너지 E_0에서 벗어날 때, 매 회전당 방사된 에너지는, 부분적으로는 에너지 변화 때문에, 부분적으로는 전자가 다른 자기장에서 진행하기 때문에, 부분적으로는 경로 길이가 다르기 때문에 변한다. dU_{rad}/dE가 어떻게 계산되는지 보자.

베타트론 진동은, 일차항 근사에서, 방사되는 평균 파워를 변화시키지 않는다는 것을 이미 보았다. 그러므로 어떤 에너지에서 U_{rad}를 구하기 위해서, 식 (4.3)의 P_γ를 하나의 완전한 오프-에너지 폐궤도 주위로 시간에 대하여 적분해야 한다. 하지만 적분 변수를 s로 바꾸는 것이 편리하다. 그러면

$$U_{rad} = \oint P_\gamma dt = \oint P_\gamma \frac{dt}{ds} ds \tag{4.12}$$

dt/ds는 이미 계산하였으며, 식 (2.15) 보아라 :

$$\frac{dt}{ds} = \frac{1}{c}\left(1 + \frac{x}{\rho_s}\right),$$

여기서 x는 설계 궤도로부터의 변위이고 $\rho_s(s)$는 설계 궤도의 곡률 반경이다. 지금 오프-에너지 폐궤도 상에서 에너지 손실에 관심이 있기 때문에, $x = \frac{\eta\epsilon}{E_0}$를 놓아야 하며 여기서 $\epsilon = E - E_0$이고 $\eta(s)$는 오프-에너지 함수이다. 식 (2.28)을 보라. 그러면

$$U_{rad} = \frac{1}{c}\oint\left(1 + \frac{\eta}{\rho_s}\frac{\epsilon}{E_0}\right)P_\gamma ds \tag{4.13}$$

이미 $\epsilon = 0$일 때 이 적분을 살펴보았으며 그것은 단지 U_0이다. 그럼 이제 미분을 하자, $\epsilon = 0$일 때 미분을 계산하고서

$$\frac{dU_{rad}}{dE} = \frac{1}{c}\oint\left\{\frac{dP_\gamma}{dE} + \frac{\eta}{\rho}\frac{P_\gamma}{E}\right\}_0 ds \tag{4.14}$$

여기서 중괄호에 첨자로 된 "0"는 적분에서 모든 양들은 설계 궤도와 에너지 E_0에서 계산되어야 한다는 것을 뜻한다. 식 (4.3)으로부터, P_γ는 E^2B^2에 비례한다. 그리고 E가 바뀌면, 궤도는 다른 위치로 움직이므로, B 또한 바뀐다는 것을 상기하라. 이러한 경우

$$\frac{dP_\gamma}{dE} = 2\frac{P_\gamma}{E_0} + 2\frac{P_\gamma}{B_0}\frac{dB}{dE}$$

하지만,

$$\frac{dB}{dE} = \frac{dx}{dE}\frac{dB}{dx} = \frac{\eta}{E_0}\frac{dB}{dx}$$

여기서 dB/dx는 자기장의 특성이다. 마지막 두 식을 함께 놓고 식 (4.14)에 놓으면

$$\frac{dU_{rad}}{dE} = \frac{1}{c}\oint\left\{2\frac{P_\gamma}{E} + 2\frac{P_\gamma}{B}\frac{\eta}{E_0}\frac{dB}{dx} + \frac{P_\gamma}{E}\frac{\eta}{\rho}\right\}_0 ds$$

첫번째 항의 적분은 $2U_0/E_0$으로 되어, 방사된 에너지의 변화에 대한 결과는

$$\frac{dU_{rad}}{dE} = \frac{U_0}{E_0}\left[2 + \frac{1}{cU_0}\oint\left\{\eta P_\gamma\left(\frac{1}{\rho} + \frac{2}{B}\frac{dB}{dx}\right)\right\}_0 ds\right] \tag{4.15}$$

이제 감쇠 상수에 대해 쓸 수 있다.

$$\alpha_\epsilon = \frac{1}{2T_0}\frac{dU_{rad}}{dE} = \frac{U_0}{2T_0E_0}(2 + D) \tag{4.16}$$

여기서

$$D = \frac{1}{cU_0}\oint\left\{\eta P_\gamma\left(\frac{1}{\rho} + \frac{2}{B}\frac{dB}{dx}\right)\right\}_0 ds \tag{4.17}$$

식 (4.3)과 식 (4.8)에서 P_γ와 U_0를 취하고 2.2절에서 정의한바와 같이 B와 dB/dx를 $G(s)$와 $K_1(s)$ 견지에서 표현하면, D를 다음과 같이 쓸 수 있다.

$$D = \frac{\oint \eta G(G^2 + 2K_1)ds}{\oint G^2 ds} \tag{4.18}$$

이 형태는 D가 단순히 모든 자기장의 구성 - 자기장 함수 G, K_1 그리고 η만을 포함하는 저장링에 대해서 적분으로 부터 얻은 - 의 특성인 숫자라는 사실을 명확하게 한다. 숫자 D는 전형적으로 1보다 조금 작은 양수이다.

식 (4.16)은 훌륭한 물리적인 해석을 지니고 있다. 보통 D는 작기 때문에 다음의 근사적 관계를 갖는다.

$$\alpha_\epsilon \approx \frac{U_0}{E_0T_0} = \frac{\langle P_\gamma \rangle}{E_0} \tag{4.19}$$

여기서 $\langle P_\gamma \rangle$는 에너지 손실의 평균율이다. 에너지 진동들의 감쇠 시상수는 - α_ϵ의 역수 - 단지 전자가 전체 에너지를 방사하는데 걸리는 시간이다.

D에 대한 위의 표현은 자기장이 등자기이면 더 간단해진다. $G(s)$는 0 이거나 자석이 있는 곳에서는 상수이며, 적분은 자석이 있는 공간에서만 한다. 식 (4.18)은 다음과 같이 된다.

$$D = \frac{1}{2\pi}\int_{Mag} \eta(s)(G_o^2 + 2K_1(s))\,ds \tag{4.20}$$

자기장이 분리된 함수이면, 자석은 구배를 가지지 않으며

$$D = \frac{G_0^2}{2\pi} \int_{Mag} \eta(s) ds \text{ (등자기 분리된 함수)} \tag{4.21}$$

이 적분은 익숙하다; 그것은 이전에 등자기장을 위한 지연인자 α를 계산할 때 나왔다. 식 (3.13)과 식 (3.14)을 사용하여

$$D = G_0 \langle \eta \rangle_{Mag} = G_0 \alpha R = \frac{\alpha R}{\rho_0} \text{ (등자기 분리된 함수)} \tag{4.22}$$

이러한 저장링에 대해서, D는 단지 전체 궤도 반지름 R과 자기 반경 ρ_0의 비율에 의해 증가된 지연 상수 α이다. 저장링에서 이러한 파라미터들에 대한 전형적인 값은 다음과 같다 :

$$\alpha_\epsilon \approx 0.05, \quad \frac{R}{\rho_0} \approx 3, \quad D \approx 0.15$$

요약하면, 등자기 분리함수 자기장에서의 에너지 진동에 대해, 에너지 진동들의 감쇠계수는 다음과 같이 된다.

$$\alpha_\epsilon = \frac{\langle P_\gamma \rangle}{2E_0} \left(2 + \frac{\alpha R}{\rho_0} \right) \text{ (등자기장 분리된 함수)} \tag{4.23}$$

4.3 | 베타트론 진동들의 감쇠

베타트론 진동들의 방사 감쇠에 대해서 살펴보자. 여기에는 근사적으로 다루겠지만, - 약간 지루한 대수학으로 - , 정확한 계산으로 확장될 수 있는 방법을 사용하겠다. 어떤 경우에서 정확한 결과는 다음 절에서 논의될 일반적인 정리에 의해서 좀 더 쉽게 얻어진다.

먼저 수직방향 베타트론 진동을 살펴보자. (표기법은 단락 2에서 사용한 것이다.) s에 대한 β의 변화를 무시함으로서 운동을 근사화 할 것이다. 그러면 (2.8절을 보아라)

$$z = A\cos\phi, \quad z' = \frac{A}{\beta} \sin\phi \tag{4.24}$$

여기서 ϕ는 s/β이다. 진동의 진폭 A는 어떤 순간에서 z와 z'으로부터 다음과 같이

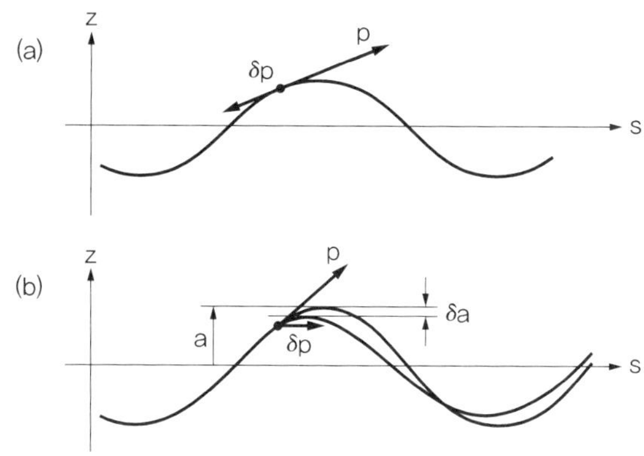

(a) 방사 손실 경우 (b) 고주파 가속 경우

그림 4.1 수직방향 베타트론 진동에서 에너지 변화의 영향

얻을 수 있다.

$$A^2 = z^2 + (\beta z')^2 \tag{4.24}$$

설계 궤도 주위에서 수직방향으로 진동하는 에너지 E_0를 갖는 전자를 살펴보자. 방위각 δs의 임의의 요소에서 전자는 방사에 의해 작은 양의 에너지 δE를 잃을 것이다. 그것의 운동량 p는 δp만큼 변할 것이며, 이전에 논의 한 것처럼, δp는 p와 평행(그리고 반대방향) 이다. 따라서 $|\delta p| = c\delta E$ 이다. 그림 4.1(a)를 보아라.

방사 손실은 궤도의 변위나 기울기를 변하게 하지 않는다; 따라서 진폭 A는 변하지 않는다. (유효 집속력과 β는 에너지 변화와 함께 변화하는 사실 때문에 작은 영향이 있다. 하지만 소위 단열적 감쇠 영향은 이차항에서 발생하며, 에너지는 고주파 가속이 고려될 때 평균적으로 변하지 않기 때문에 무시될 수 있다.)

고주파 가속력의 영향은 아주 다르다는 것에 주의하라. 평균적으로 이 힘은 설계 궤도와 평행하다. 방위각 방향의 요소 δs에서 받은 운동량의 증가 δp는 더 이상 정확히 p와 평행하지 않는다. 그림 4.1(b)을 보아라. 설계 궤도에 대해 수직한 p의 성분을 $p_\perp$라 쓰자; 이때 이 각도는 매우 작기 때문에

$$z' = \frac{p_\perp}{p}$$

로 쓸 수 있다. 다시 한 번 더 말하지만, 가속력은 z를 변화시키지 않는다. 하지만

$$z' \rightarrow \frac{p_\perp}{p+\delta p} = \frac{p_\perp}{p}(1-\frac{\delta p}{p}) = z'(1-\frac{\delta p}{p}) \tag{4.26}$$

와 같이 z'을 변하게 한다. z'에서 변화는

$$\delta z' = -z'\frac{\delta p}{p} = -z'\frac{\delta E}{E} \tag{4.27}$$

이다. 진폭 A에서 대응하는 변화는

$$A\delta A = \beta^2 z' \delta z' = -(\beta z')^2 \frac{\delta E}{E} \tag{4.28}$$

이다. 점 s에서 전자의 도달에 진동의 위상은 임의적이기 때문에 (0에서 2π 사이의 모든 값이 동일하게 가능하다) 오직 A의 평균 변화에 대해서만 값을 구해야 한다. $(z')^2$의 평균은 $A^2/2\beta^2$이어서

$$A < \delta A > = -\frac{A^2}{2}\frac{\delta E}{E} \tag{4.29}$$

이다.

1회전 동안 가속 이득의 모든 요소들을 합하여 보자. 모든 δE는 방사 손실 U_0까지 더해야하므로, (고주파 가속으로 인한) 1회전 동안 A에서 발생하는 변화량 $\triangle A$는

$$\frac{\triangle A}{A} = -\frac{U_0}{2E_0} \tag{4.30}$$

매 회전 시간 T_0에서 $\triangle A$는 A에 비례하므로, 운동은 $e^{-\alpha_z t}$와 같이 지수적으로 감쇠한다. 즉,

$$\frac{1}{A}\frac{dA}{dt} = \frac{\triangle A}{A T_0} = -\frac{U_0}{2E_0 T_0} \tag{4.31}$$

이어서, 감쇠 계수는

$$\alpha_z = \frac{U_0}{2E_0 T_0} = \frac{< P_\gamma >}{2E_0} \tag{4.32}$$

이다. 수직 방향의 베타트론 진동에 대한 모든 형태가 갖추어진 식을 이용하는 정확한 계산은 같은 결과를 낸다는 것을 알수 있다. 수직 방향의 진동에 대한 감쇠율은 에너지 진동에 비해서 단지 1/2 비율이다 (D가 작을 때) ; 식 (4.20)을 보아라.

방사 감쇠는 방사 과정에서 발생하지 않고 오히려 고주파 시스템으로부터 에너지 이득 과정에서 발생한다는 것을 주의하는 것은 매우 재미있는 일이다. 방사 감쇠라는 이름에 대한 타당성에 의문이 생길수 있다. 하지만 만약 방사에 의한 에너지 손실의 보상이 필요하지 않았다면, 고주파 장에 의한 감쇠의 기회도 없었을 것이다. 따라서 방사 감쇠라는 이름은 그렇게 나쁘지만은 않다.

지름방향 베타트론 진동에 방사 영향을 알아보자. 먼저 지름방향 베타트론 진동이 수직방향의 베타트론 진동과 같은 방식으로 방사 감쇠할 것으로 생각할 수 있을 것이다. 하지만 여기에는 부가적인 문제가 있어서 그것을 새로운 문제로써 다룰 것이다. 하나의 새로운 요소는 에너지 변화가 있을때 발생하는 베타트론 변위에서의 변화로부터 일어난다. 전체적인 지름방향 이동 x는 두 부분의 합임을 기억하라 : 에너지가 살짝 벗어난 폐궤도에 대한 변위 x_ϵ와 폐궤도에 대한 베타트론의 변위 x_β의 합

$$x = x_\epsilon + x_\beta \tag{4.33}$$

이다. 전자 에너지가 δE만큼 변할 때, x_ϵ의 변화는 다음과 같다 (식 (2.28)을 보라)

$$\delta x_\epsilon = \eta \frac{\delta E}{E_0} \tag{4.34}$$

하지만, 전자의 공간에서 위치는 유한한 운동량 충격량에 의해 변하지 않으므로 전체적인 x는 변화하지 않으므로 x_β에서 보상적인 변화가 있어야만 한다. 즉, 식 (4.33)으로부터

$$\delta x = \delta x_\epsilon + \delta x_\beta = 0$$

이고 이것은

$$\delta x_\beta = -\delta x_\epsilon = -\eta \frac{\delta E}{E_0} \tag{4.35}$$

에너지 변화가 있을때, 전자는 순간적으로 움직이지 않는다. 하지만 그림 4.2에서 보듯이 진동의 기준 축은 움직이며 그 축에 대한 변위는 변한다 (그림 4.2에서처럼).

어떤 유사점이 베타트론 기울기에서 발생한다. 식 (4.33)에 대응해서

$$x' = x'_\epsilon + x'_\beta \tag{4.36}$$

이다. 기본적인 충격량은 전체 x'을 $\delta x'$만큼 변하게 하므로 베타드론 기울기에서 변화

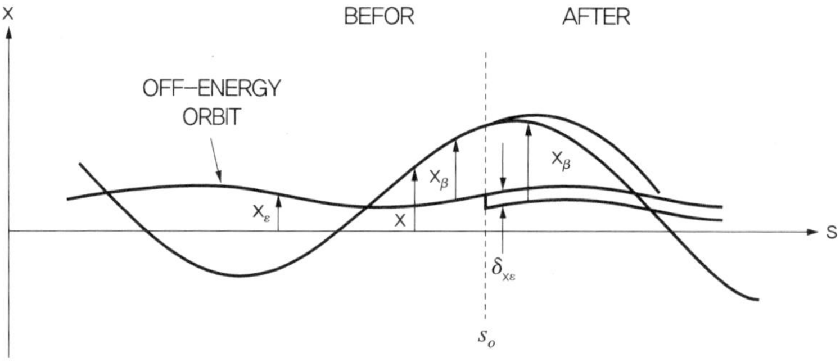

그림 4.2 베타트론 변위상 s_o에서의 급작스러운 에너지 변화의 영향

는 다음과 같다

$$\delta x'_{\beta} = \delta x' - \delta x'_{\epsilon} \tag{4.37}$$

식 (2.28)로부터 x'_{ϵ}를 취하고서

$$\delta x'_{\beta} = \delta x' - \eta' \frac{\delta E}{E_0} \tag{4.38}$$

이고 η'은 $d\eta/ds$이다. $\delta x'$이 0이더라도, x_{ϵ}의 기울기 변화 (진동들의 기준선)는 베타트론 진동에서의 기울기 변화를 만들어 낼 것이다.

아직까지 추가적인 문제가 기준 궤도의 곡률반경으로 부터 발생된다. 베타트론 진동의 궤적은 양수 스윙 및 음수 스윙이 균등히 발생하지만, 전자들은 음수 스윙보다는 양수 스윙에서 더 긴 경로의 궤도를 지나간다. 식 (3.7)을 보아라. 즉, 일반적으로 궤도 길이에서 전체 효과는 하나의 완전한 진동에 대해서 0이 될지라도, 음수와 양수의 진동동안 방사에 의해 손실되는 에너지는 서로 다르다. 그로인해 진동의 진폭은 영향을 받는다.

이제 이러한 아이디어들을 방위각 요소 δs에서 방사 손실 δE에 적용시켜보자. 정확한 계산은 식 (4.35)과 식 (4.38)에서 보였던 x및 x' 변화로부터 시작된다. 그러나 이 절에서 앞서 계산한 근사화와 일치하기 위하여 η는 상수이며 $\eta' = 0$이 되는 간략한 가정을 할 것이다; 그리고 z에 대해 취한 것과 같은 형태로 s에 대한 x_{β}의 변화를 다음과 같이 쓴다.

$$x_{\beta} = A cos\phi; \qquad x'_{\beta} = \frac{A}{\beta} sin\phi \tag{4.39}$$

이번에는

$$A\,\delta A = x_\beta\,\delta x_\beta + x'_\beta\,\delta x'_\beta/\beta^2 \tag{4.40}$$

δx_β는 0과 다르므로

$$A\,\delta A = -\,x_\beta\,\eta\,\frac{\delta E}{E_0} \tag{4.41}$$

다시, 에너지 변화 δE를 방위각 요소 δs에서의 방사 손실로 취해보자. z 방향의 운동 경우, 전자는 항상 지름 방향의 변위가 0인 체로 움직인다고 가정해서 방사 손실율이 설계 궤도에서의 에너지 손실 비율과 같다 (z의 일차항 내에서). 만약 자석이 자기장 구배를 가지면 x방향 운동은 달라진다. 여기서 논의를 간단하게 하기 위해 등자기 분리된 함수 자기장인 경우를 고려한다 (2.2절을 보아라). 분리된 함수 장치에서, 방사 손실율은 일차항에서는 x와는 무관하다 (기준 에너지를 가진 전자의 경우) 방사 손실율 $P_\gamma(s)$는 x가 아닌 오직 s에만 의존한다. 이때 길이 요소 $\triangle l$에서의 에너지 변화는

$$\delta E = -\,\frac{P_\gamma}{c}\triangle l \tag{4.42}$$

이 된다. 식 (2.15)에서 표현을 $\triangle l$에 대해 사용하면

$$\delta E = -\,(1+\frac{x_\beta}{\rho_s})\frac{P_\gamma}{c}\triangle s \tag{4.43}$$

와 같이 된다.

이 결과를 식 (4.41)과 합치면 다음과 같은 진폭 변화를 갖는다.

$$A\delta A = x_\beta\eta(1+\frac{x_\beta}{\rho_s})\frac{P_\gamma}{c}\triangle s \tag{4.44}$$

다시 모든 위상각 ϕ에 대한 평균인 δA의 기대값에 단지 관심이 있다. x_β의 기대값은 0이고 x_β^2의 기대값은 $A^2/2$이 되어서 다음을 얻는다.

$$\frac{<\delta A>}{A} = \frac{\eta}{2\rho_s}\frac{P_\gamma}{cE_0}\triangle s \tag{4.45}$$

P_γ가 0이 아닌 등자기장을 가정했기 때문에 $\rho = \rho_s = 1/G_0$이며, 1회전에서 변화 $\triangle A$를 구하기 위해서 각 $\triangle s$에서의 영향을 쉽게 합할 수 있다. 모든 $P_\gamma s/c$의 합은 단지 1회전에서의 에너지 손실 U_0이다. 따라서 방사의 영향에 대해서 다음을 얻는다.

$$(\frac{\triangle A}{A})_{rad} = \frac{\eta}{2\rho_0}\frac{U_0}{E_0} \tag{4.46}$$

우변의 부호는 양수가 되므로 방사로 인한 진폭의 증가가 있게 된다.

다행히도 이것은 단지 이야기의 한 부분이다. 고주파 가속의 영향을 고려하여야 한다. 하지만 이에 대해서는 대응하는 경로 길이 영향은 없다. 일반적으로 고주파 공동들은 $\rho = \infty$ 인 곳에 위치한다; 하지만 에너지 증가는 (적어도 1차 항에 대해서) 베타트론 변위에 무관한것은 공동의 특성이다. 고주파 가속이 기여하는 영향의 계산은 식 (4.31)에 나타난 결과와 수직방향의 진동에 대한 것과 같다. 1회전에서 전체 영향을 구하기 위해서는 방사 손실과 가속으로부터의 기여들을 더해야 하며 다음과 같다.

$$\frac{\triangle A}{A} = -(1-\frac{\eta}{\rho_0})\frac{U_0}{2E_0} \tag{4.47}$$

지름 방향의 진동들의 감쇠 계수 α_x는

$$\alpha_x = (1-\frac{\eta}{\rho_0})\frac{U_0}{2E_0 T_0} \tag{4.48}$$

이다. 만약 η를 자석 내에서의 $\eta(s)$ 평균값인 $<\eta>_{Mag}$로 대체한다면, 분리된 함수 등자기장에 대한 정확한 계산은 같은 결과를 나타낸다. 식 (3.14)의 $<\eta>_{Mag} = \alpha R$을 이용하고서

$$\alpha_x = (1-\frac{\alpha R}{\rho_0})\frac{U_0}{2E_0 T_0} \quad \text{(등자기 분리된함수)} \tag{4.49}$$

일반적인 것처럼, $\alpha R/\rho_0$가 1보다 작다고 하면 감쇠 계수는 양이고 지름 방향의 진동은 감쇠된다. 하지만 방사의 비감쇠 영향인 $\alpha R/\rho_0$ 항은 고주파 시스템으로부터 양의 감쇠에 반작용을 한다. 비감쇠 항이 작은 한 어떠한 해로운 일이 나타나지 않는다.

식 (4.49)을 앞 절의 결과를 비교하면 파라미터 D의 견지에서 위의 결과들을 쓸수 있다.

$$\alpha_x = (1-D)\frac{U_0}{2E_0 T_0} \quad \text{(일반적인)} \tag{4.50}$$

비록 이러한 결과를 특별한 종류의 자기장인 식 (4.50)에 (어떤 가정들과 함께) 대해 설명해 왔지만, 어떠한 자기장에 대해서도 정확히 사실임을 알아냈다. 즉, s에 대해 η

의 변화에 대한 영향을 보아왔다면, 식 (4.48)에서 η/ρ_0 대신 식 (4.17)에서 D에 대한 완전한 표현을 얻었을 것이다. 다음 절에서 이 흥미있는 "일치성"에 대해서 더 논의 할 것이다.

4.4 | 방사 감쇠율

방사 감쇠 효과는 번치 내에서 전자의 세 종류의 자유도에 대해 고려되었다 : 두 개의 횡 방향 베타트론 변위 x_β와 z_β 그리고 τ와 x_ϵ와 관계된 진동에서 나타나는 에너지 진동이다. 세 가지 진동 모드 각각은 감쇠 계수 $\alpha_i(i = x, z$ 또는 $\epsilon)$로 자연 지수 감소를 가지며, 이는 다음과 같이 표현될 수 있다.

$$\alpha_i = J_i \alpha_0 = J_i \frac{\langle P_\gamma \rangle}{2E_0} \tag{4.51}$$

여기서

$$J_x = 1 - D, \quad J_z = 1, \quad J_\epsilon = 2 + D \tag{4.52}$$

감쇠 시간 상수는 $1/\alpha_i$ 이어서

$$\tau_i = \frac{2E_0}{J_i \langle P_\gamma \rangle} \tag{4.53}$$

등자기장 저장링에 대해서 $\langle P_\gamma \rangle$는 식 (4.10)를 통해,

$$\tau_i = \frac{4\pi}{C_\gamma} \frac{R\rho_0}{J_i E_0^3} \quad (\text{등자기장}) \tag{4.54}$$

C_γ는 식 (4.2)에서 정의된 상수이다. 주어진 저장링에서 감쇠 시간 상수는 에너지 세제곱의 역수로 변한다.

숫자 D는 자기장의 속성이고 식 (2.10), (2.12), (2.13) 중 하나를 사용하여 평가될 수 있다. 숫자 J_i는 그 합이 상수이어서 감쇠 분배 숫자로 알려졌다

$$\sum J_i = J_x + J_z + J_\epsilon = 4 \tag{4.55}$$

마지막 결과를 실제로 증명하지 않았지만 그것은 일반적인 자기장에 대한 자세한 계산 값에서 나온다. (문헌 5 참조) 하지만 이러한 계산들은 *Robinson*[12]이 매우 일반적인 근거로부터 식 (4.55)를 유도하는 증명을 했기 때문에 실제로 필요하지는 않는다. 이 정리는 입자에 작용하는 모든 필드가 사전에 결정되어야 하고, 전자의 운동에 의해서는 어떤 방식으로든 영향을 받지 않는다는 조건을 요구한다. 이러한 조건은 저장링의 고주파 장들과 지정된 자기장만을 고려할 때만 적용된다.

각각의 전자에 대한 감쇠률은 - 더 중요한 것은 그것들의 집단 운동 - 부가적인 힘들이 전자 운동 요소에 영향을 주게 되면 위의 수치들로부터 수정 될 수 있다. 예를 들어 이러한 힘은 진공 챔버의 벽에 있는 영상 전류나 고주파 공동에서의 빔에 의해 유도된 전류, 또는 전자의 변위를 감지하는 검출기의 증폭기를 통해 전원이 공급되는 보조 전극 시스템의 힘으로부터 발생할 수 있다. 실제 저장링에서, 첫 번째 영향은 불안정한 횡 방향의 집단 진동을 가져오며 마지막 것은 이를 이용할 수 있게 사용되어왔다. 두 번째 영향은 번치에서의 불안정한 종 방향 진동의 원인과 해결책으로 되어 왔다. 이러한 영향들은 많은 전자들의 집단 운동의 분석을 요구하기 때문에 본 교과서에서의 범위를 넘어서고 더 이상 고려하지 않겠다.

식 (4.55)로부터 $J_x + J_\epsilon = 3$ 라는 보다 특별한 결과를 얻게 된다. 하지만 이 결과는 설계 궤도가 평면에 놓이고, 동시에 자기장이 평면에 대해 대칭이어야 한다는 제한적인 조건이 전제되어야 한다. 이미 이 조건들을 삭제한 결과 중 하나를 간단하게 언급(3.1 절 말미에서) 했다. 오프 - 에너지 궤도는 일반적으로 "반경" 변위 x_ϵ 뿐만 아니라 "수직" 변위 z_ϵ를 포함할 수 있다. 이 교과서에서 이루어진 개발은 더 복잡해지며, 특히, 분할 숫자들은 식 (4.54)에 의해 주어지지 않을 것이다. 하지만 "보존" 정리인 식 (4.55)는 유효하다.

정리 결과에 대한 두 가지 언급은 유효하다. 첫째, "교류 변화" 자기장에 대해(전자 싱크로트론과 대부분의 양자 싱크로트론에서 사용되는 것과 같은) 숫자 D는 1보다 크다. 결과적으로 지름방향 베타트론 진동은 비 감쇠적이며 고정된 에너지에서 시간에 따라 기하 급수적으로 증가한다. 이 효과는 싱크로트론의 경우 비감쇠로 인한 진폭 증가가 가속 시간동안 매우 작기 때문에 중요하지는 않다. 그러나 저장링으로 사용하기 위한 CEA 싱크로트론의 선정에서 특별한 문제를 제기해 왔다. 선정을 위해서는 저장링의 다른 특성에 큰 영향을 주지 않으면서 D를 수정하기 위해 고안된 특수자기 장치들을 설치하는 것을 필요로 한다.

마지막으로, 실제로 어떠한 자기장도 설계 궤도의 평면에 대해서 필드의 가정된 대칭성을 정확히 충족시키지 못한다는 것을 알 수 있다. 갑작스럽게 비대칭이 일어나는 경우는 적지만 발생하게 되면, 일반적으로 수평 및 수직 베타트론 진동의 커플링을 가져온다. 이런 결합을 고려하게 되면, x와 z는 더 이상 정규 모드의 좌표가 아니다. 새로운 정규 모드는 α_x와 α_z과는 다른 감쇠 계수를 갖게 될 것이다.

CHAPTER

05 방사 여기

5.1 | 양자 복사

지금까지 에너지 손실은 연속적으로 발생된다고 가정하고서 싱크로트론 방사에 의한 총 에너지 손실을 고려했다. 이러한 관점은 에너지 손실은 사실 평균적으로 상당히 원활하므로 1차 근사방법에 있어 좋은 방법이다. 하지만 모든 전자기 방사는 불연속적인 에너지의 양자를 발생한다. 그리고 이러한 에너지 손실의 양자화는 저장링 내의 전자의 운동에 중대한 영향들을 미친다.

양자가 방출될 때마다 전자의 에너지는 작은 불연속 점프를 한다. 그리고 나중에 보게 될 것처럼, 대부분 중요한 양자들은 가시광선의 에너지에서부터 연 엑스선에 이르는 에너지를 갖는다. 고전적인 방식으로 양자 영향에 대해 너무 정량적으로 얘기하면 불확실할지라도, 다음의 준 고전적인 설명은 엄밀히 정당화 될 수있다. 첫째, 전형적인 양자가 방출되는 '시간'은 확실히 $\rho/\gamma c$ 보다 적으며, ρ는 궤적의 곡률 반경이며, γ는 정지 에너지의 단위에서 전자 에너지이다. 이 시간은 베타트론 및 싱크로트론 진동 주기 등 기타 관련 시간보다 훨씬 짧기 때문에 순간적인 것으로 고려될 수 있다. 둘째, 개별 양자 방출 시간등은 통계적으로 독립적이다. 어떤 방출 사건에서 에너지 변화는 전자 에너지에 비해 매우 작은 부분이므로 연속적인 양자의 방출은 순전히 무작위적인 (즉, 푸아송) 과정으로 고려할 수 있다.

양자 방출로 부터 불연속적인 에너지 변화는 전자의 궤적을 교란시킨다. 이러한 많은 교란의 누적 효과는 다양한 진동 모드에 일종의 "잡음"을 발생시켜 양자 여기가 평균적으로 진동들의 감쇠에 의해 균형을 이를 때까지 진폭을 증가시킨다. 이 과정은 이후 절에서 베타트론과 에너지 진동에 대해서 상세히 고려 될 것이다.

여기서 한 가지 주목할 점은 감쇠에 대해 요구된다. 이전 절들에서 감쇠 영향을 방사와 관련시켜왔다. 감쇠는 에너지 방출의 평균율에만 의존하고 다른 통계적 특성에는 의존하지 않는다. 따라서 양자 효과를 고려할 때 이미 발견 한 것과 동일한 감쇠를 취할 수 있다 - 모든 양자 에너지들에서 에너지 손실의 평균율 때문이라는 것을 이해 해야 한다. 여기 효과들은 평균율에 대한 방사에서 변동들로 인한 것이다. (물론 평균 및 변동 영향을 함께 취급 할 수는 있지만 보증되지 않는 복잡한 문제만 추가 할 것이다.)

저장링에서 전자의 진동들에 대한 방사 변동의 영향등을 고려할 때, 양자화 된 방사의 특정한 특성들을 알아야 할 것이다. 이제 이러한 특성들을 살펴보자.

고전적인 관점에서 싱크로트론 방사는 연속적인 주파수들의 연속 스펙트럼으로 방출된다. (주파수 스펙트럼은 Schwinger[13]에 의해 처음으로 계산되었으며, 그 유도는 또한 Jackson[10] 의해 주어졌다.) 어떤 유한 시간 간격 Δt에서 전자에 의해 방출된 복사를 고려하자. 적절한 시간 지연에 의해 Δt 의 방출에 해당하는 방사장을 조사하고 공간의 각각 방향에 대해 방사장의 Fourier 분석을 한다고 가정하자. 주파수 스펙트럼은 일반적으로 각 방향마다 다르다. 그러나 방사된 파워 스펙트럼 $P(w)$ 를 정의하기위하여 모든 방향에 대한 스펙트럼을 평균할 수 있다. $P(w)dw\,\Delta t$ 는 w 와 $w+dw$ 사이의 각 주파수로 시간 Δt 에서 방출되는 에너지이다. 분명히, 이 정의는 시간 Δt 가 충분히 커서 대부분의 에너지가 $1/\Delta t$ 보다 큰 주파수에서 발견되는 경우에만 의미가 있다. 여기에서 방사는 일반적으로 전자의 속도 벡터의 $1/\gamma$ 각도의 범위 내에서 방출되는 것을 상기하자. 이러한 각도는 시간 $\rho/\gamma c$ 에서 따라가며 여기서 ρ 는 궤적의 국부 곡률 반경이다. 따라서 시간 간격 $\approx\rho/\gamma c$ 는 대부분의 방사의 충격을 포함해야한다. 따라서 그것은 Δt 에 대해 적합한 크기를 나타낸다. 정말 그렇게 된다는 것을 이후에 보게 될것이다.

$P(w)$ 에 대해 주어진 정의로 시간에 대해 천천히 변화하는 함수로 될 수 있고 $P(w)$ 는 (따라서 그것이 의존하는 ρ 또는 γ) Δt 에서 크게 변화하지 않는다고 가정하면 어떠한 어려움에 놓이지 않을 것이다. 이 조건은 일반적으로 저장링에 대해 만족되므로, $P(w)$ 는 "순간적인" 파워 스펙트럼이고, w 의 적분 값은 이전에 정의된 순간 방사파워이다.

$$P_\gamma = \int_0^\infty P(w)dw \tag{5.1}$$

파워 스펙트럼은 다음과 같은 형태로 놓을 수 있다.

$$P(w) = \frac{P_\gamma}{w_c} S(\frac{w}{w_c}) \tag{5.2}$$

상수 w_c는 다음과 같이 정의된 상수이다.

$$w_c = \frac{3}{2}\frac{c\gamma^3}{|\rho|} \tag{5.3}$$

숫자 w_c는 임계 주파수라고 불리며 전자의 각도 회전 주파수와 γ^3곱과 거의 같다. 스펙트럼 함수 $S(w/w_c)$는 다음과 같이 표현될 수 있는 순전히 인수의 대수 함수이다.

$$S(\xi) = \frac{9\sqrt{3}}{8\pi}\xi\int_\xi^\infty K_{5/3}(\bar{\xi})d\bar{\xi} \tag{5.4}$$

여기서 $K_{5/3}$은 변형된 베셀 (Bessel) 함수이다. 식 (5.2)의 정의로 부터 S는 다음과 같이 정규화된다.

$$\int_0^\infty S(\xi)d\xi = 1 \tag{5.5}$$

스펙트럼 함수의 형태는 그림 5.1로 보여진다. 베셀 함수의 점근적 근사로부터 쉽게 얻을 수 있는 크고 작은값에 대한 근사는 때때로 유용하다.

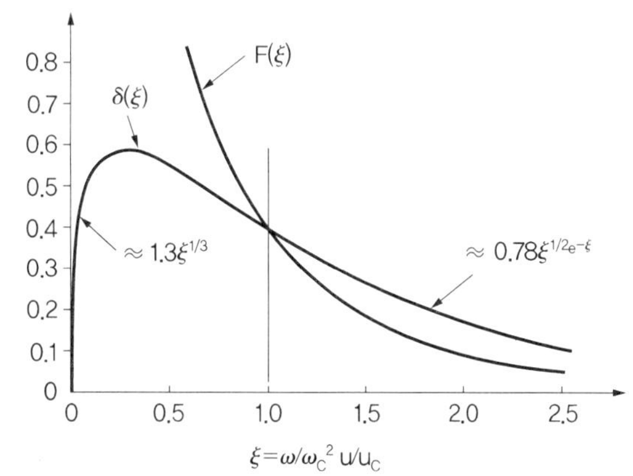

그림 5.1 정규화 된 파워 스펙트럼 S와 싱크로트론 방사의 광자수 스펙트럼 F

$$For\ \xi \ll 1;\ \ S(\xi) \approx 1.34\ \xi^{1/3}$$
$$For\ \xi \gg 1;\ S(\xi) \approx \frac{9\sqrt{3}}{8\sqrt{2\pi}}\ \xi^{1/2}\, e^{-\xi} \tag{5.6}$$

파워 스펙트럼 $P(w)$는 식 (5.2)에 의해 $S(\xi)$로부터 구해진다. P_γ 및 w_c는 γ과 ρ 모두에 의존한다는 것을 잊지 마시오. 식 (4.4)을 보아라. 그림 42에서 대부분의 파워는 w_c 근처의 주파수에서 주어짐을 알수 있다 (w_c는 이전에 정의 된 Δt의 역수보다 γ^2배 더 크기 때문에 이전에 만든 가정은 이제 정당화 되었다).

주파수 w에서의 전자기 복사는 에너지의 양자($u = \hbar w$)로 방출된다는 것을 알고 있다. 여기서 $\hbar$는 2π ($\hbar = h/2\pi = 6.85\ x\ 10^{-16}$eV−sec)만큼 감소된 Planck 상수이다. $n(u)du$는 u와 $u+du$ 사이의 에너지로 단위 시간당 방출된 양자수라 하자. 이 양자에서 방출된 파워는 $un(u)du$이며, 이것은 주파수 $w = u/\hbar$에서 주파수 간격 $dw = du/\hbar$에서 방출된 파워와 같음이 틀림없다.

$$un(u)du = P(u/\hbar)du/\hbar \tag{5.7}$$

식 (5.2)로부터 $P(w)$를 취하면 양자 분포 함수는 다음과 같이 쓸 수 있다.

$$n(u) = \frac{P_\gamma}{u_c^2} F(\frac{u}{u_c}) \tag{5.8}$$

$$u_c = \hbar w_c = \frac{3}{2}\frac{\hbar c \gamma^3}{|\rho|} \tag{5.9}$$

$$F(\xi) = \frac{1}{\xi} S(\xi) \tag{5.10}$$

주파수 스펙트럼과 마찬가지로, 양자 스펙트럼은 스케일 인자 P_γ/u_c^2를 제외하고는 u/u_c비율의 보편적인 함수다.

함수 $F(\xi)$는 그림 5.1에도 나와있다. 단위 에너지 간격 당 양자 방출율은 저 에너지들에서 발산한다. 그러나 $u^{-2/3}$와 같이, 양자 에너지들의 유한 간격에서 에서의 양자의 방출율은 - u에 대한 적분은 - 유한하다.

N이 모든 에너지에서 양자의 총 방출율을 나타낸다고 하자.

$$N = \int_0^\infty n(u)du \tag{5.11}$$

(5.6)에서 $S(\xi)$에 대한 점근적 표현으로부터, 그것의 완전한 적분은 분명히 $\approx$ 1이다. 실제로는 $15\sqrt{3/8}$ 이므로

$$N = \frac{15\sqrt{3}}{8}\frac{P_\gamma}{u_c} \tag{5.12}$$

평균 양자 에너지는 다음과 같이 정의된다.

$$< u > = \frac{1}{N}\int_0^\infty u\, n(u) du \tag{5.13}$$

그 적분은 단지 P_γ 이므로 평균양자 에너지는

$$< u > = \frac{8}{15\sqrt{3}} u_c = (0.32...) u_c \tag{5.14}$$

간단히 말하자면, 방사는 u_c에 관한 전형적인 에너지의 양자로 그리고 P_γ / u_c 주위의 평균율로 방출된다고 할 수 있다. 5 m 반경의 궤적상에서 운동하는 1 GeV 전자의 경우,

$$P_\gamma = 1.7 \times 10^{11} eV \sec^{-1},$$

$$u_c = 437 eV$$

$$N = 3.2 P_\gamma / u_c = 1.3 \times 10^9 \sec^{-1}$$

궤적의 라디안 당 방출된 양자의 평균수는 전자 에너지에만 의존한다는 사실은 흥미롭다. 사실, 이것은 γ와 미세구조 상수의 곱과 거의 같다.

$$\text{라이안당 평균양자수} = \frac{5}{2\sqrt{3}}\frac{\gamma}{137} \tag{5.15}$$

1 GeV 전자의 경우, 그 수는 약 20이다. 임의의 시간 간격에서의 실제 수는 평균수에 상응하는 포아송 분포로 변동한다. 그런 작은 수로 변동이 중요 할 수 있다는 것을 이해할 수 있다.

저장링에서 전자 진동의 양자 여기는 양자 방출의 평균률 뿐만 아니라 평균 제곱 양자 에너지에도 의존한다는 것을 나중에 알게 될 것이다. $< u^2 >$가 u_c^2와 거의 같을 것으로 기대하며 실제로 그렇다. 그것을 자세히 다루면 다음 관계를 갖게 된다.

$$< u^2 > = \frac{11}{27} u_c^2 \tag{5.16}$$

진동들의 양자 여기에 들어가는 양은 사실상 평균 제곱 양자 에너지와 평균율 N과의 곱이다.

$$N < u^2 > = \int_0^\infty u^2 n(u) du \tag{5.17}$$

식 (5.12)을 사용하여 다음과 같이 쓰는 것이 편리하다.

$$N < u^2 > = C_u \; u_c \; P_\gamma \tag{5.18}$$

그리고

$$C_u = \frac{55}{24\sqrt{3}} = 1.32... \tag{5.19}$$

u_c와 P_γ는 전자 에너지 및 궤적의 국부적인 곡률 반경 ρ의 함수라는 것을 기억하는 것이 중요하다. 식 (5.9)와 식 (4.4)에서 각각 u_c와 P_γ를 취하고서,

$$N < u^2 > = \frac{3C_U C_\gamma}{4\pi} \frac{\hbar c^2}{(mc^2)^3} \frac{E^7}{|\rho^3|} = \frac{55}{24\sqrt{3}} r_e \hbar mc^4 \frac{\gamma^7}{|\rho^3|} \tag{5.20}$$

고정 반경에서 양자 여기는 에너지의 7승으로써 변화한다!

5.2 | 에너지 변동

이제 저장된 전자의 에너지 진동들에 대한 양자 방출 영향에 대해 살펴보자. 에너지 u의 양자가 방출 될 때, 전자의 에너지는 u만큼 갑자기 감소된다. 이러한 충동적인 교란은 작은 에너지 진동을 일으킨다. 무작위적으로 발생하는 이러한 많은 진동의 누적 효과는 에너지 진동을 증가시킨다(무작위 행보처럼). 증가는 평균적으로 감쇠에 의해 제한된다. 정지 상태에서 특정 전자의 에너지 진동들은 어떤 평균 진폭 주위에서 변동할 것이다. 지금 이러한 변동 에너지 진동을 살펴보자.

먼저, 에너지 변이의 확률 분포를 상세히 고려하지 않고 전형적인 에너지 진동의 한 가지 척도 - 즉 평균 에너지로부터 평균 제곱근 변이 -에 대해서만 고려할 것이다. 분포의 특성은 나중에 고려 될 것이다.

3.5절에서 저장된 전자의 에너지 변이에 대한 작은 진동을 관찰했다. 어떤 교란들이

없는 경우, 순간적인 감쇠를 무시하면, 에너지 편차 ϵ는

$$\epsilon = A_0 e^{i\Omega(t-t_0)} \tag{5.21}$$

로써, 여기서 Ω은 (실수) 싱크로트론 주파수이고 진폭 A_0는 실수이다. 어떤 순간 t_i에서 에너지가 양자 방출에 대해 u만큼 갑자기 감소했다고 가정하자. t_i후에는 에너지가

$$\epsilon = A_0 e^{i\Omega(t-t_0)} - u e^{i\Omega(t-t_i)} \tag{5.22}$$

로 된다. 그림 5.2을 보아라. 이 새로운 진동은 다음과 같이 쓸수 있다.

$$\epsilon = A_1 e^{i\Omega(t-t_1)} \tag{5.23}$$

$$A_1^2 = A_0^2 + u^2 - 2A_0 u \cos\Omega(t_i - t_0) \tag{5.24}$$

그리고 t_i은 어떤 시간 변위이다. 양자 방출은 진동의 진폭을 초기 진폭과 $(t_i - t_0)$에 의존하는 새로운 값으로 변화한다. 양자 방출이 발생하는 시간 t_i는 완전히 예측할 수 없기 때문에 - 그리고 많은 사건들의 누적 영향에만 관심이 있기 때문에 통계적인 질문들을 해야 한다 : 가능한 진폭 변화는 무엇입니까? 와 같은. 일반적으로 위상 $(t_i - t_0)$은 완전히 무작위이며 $\cos\Omega(t_i - t_0)$의 기대값은 0이다. 그때 양자 이벤트로 인한 가능한 진폭 변화는 다음과 같다.

$$< \delta A^2 > = < A_1^2 - A_o^2 > = u^2 \tag{5.25}$$

우리의 결과는 무작위 위상을 추가할때 발생하는 A^2의 가능한 변화는 진폭 u의 새로운 진동 증가량을 u^2로 나타난다. $A=0$으로 시작했을 때 δA^2에 대해 얻은 결과와 동

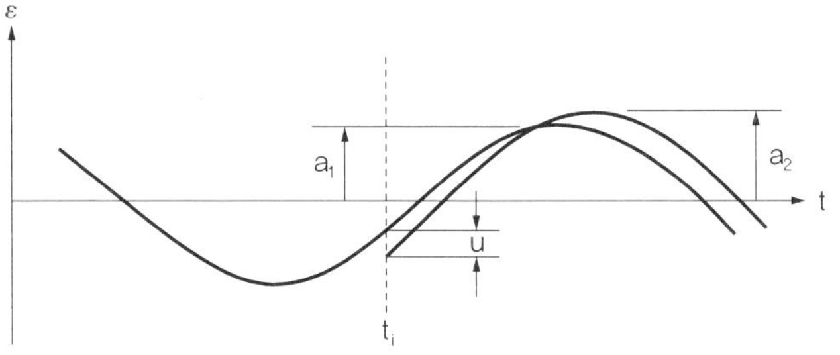

그림 5.2 에너지 진동에 에너지 u인 양자의 방출의 영향

일한 결과이다.

이러한 양자 사건들이 평균율 N(단위 시간당 수)에서 임의의 시간 순서로 발생한다고 가정 해보자. 각 사건은 A^2를 u^2만큼 변화한다. 사건들 간의 평균 시간은 $1/N$이기 때문에

$$< \frac{dA^2}{dt} >= Nu^2 \tag{5.26}$$

그러나 A^2의 가능한 변화율은 A^2의 가능한 값의 변화율과 같다. 또는

$$\frac{d < A^2 >}{dt} = Nu^2 \tag{5.27}$$

와 같다.

에너지 진동을 여기시키는 것 외에도, 양자화 된 에너지 손실은 누적된 에너지 변화에 기여한다. 그러나 그러한 평균 영향을 예전에 고려했다. 이들의 영향은 에너지 진동뿐만 아니라 시간 상수 $\tau_\epsilon = 1/\alpha_\epsilon$ 로 진폭 A의 느린 지수형 감쇠를 일으키는 것 뿐 아니라 에너지 진동들을 생성하는 것이다. 이러한 감쇠로 진폭은 A/τ_ϵ 률로 감소한다 ; 또는 $2A^2/\tau_\epsilon$ 형태로 제곱으로 감소한다. 가능한 진폭은 $< A^2 >$의 변화율에 영향을 주는 감쇠에 의해 마찬가지로 감소되어야한다.

$$\frac{d < A^2 >}{dt} = -2\frac{< A^2 >}{\tau_\epsilon} \tag{5.28}$$

양자 여기와 감쇠가 모두 작동 할때 - 그리고 다른 조건들이 정지하고 있을때 - 식 (5.27)과 (5.28)의 율들의 합은 0이어야 한다. A^2의 가능한 값은

$$< A^2 >= \frac{1}{2}\tau_\epsilon N u^2 \tag{5.29}$$

정현적 에너지 진동들의 경우 (거의 되는 것처럼) ϵ의 기대 값은 0이며, σ_ϵ^2 라고하는 제곱의 기대값은 가능한 진폭 제곱의 1/2이다.

$$\sigma_\epsilon^2 =< \epsilon^2 > = \frac{< A^2 >}{2} = \frac{1}{4}\tau_\epsilon N u^2 \tag{5.30}$$

이것은 같은 에너지 u의 모든 양자의 무작위 방출에 의해 생성 될 수 있는 에너지 진동의 평균 제곱 에너지 변동이 될 것이다. u에 대해서는, 전형적인 양자 에너지 u_c를,

N에 대해서는 평균율 P_γ / u_c 을 넣는다면 저장링에서 에너지 변동들과 근사적으로 일치해야한다.

대략적으로 동일한 결과는 다음과 같은 간단한 논의에서 얻을 수 있다 : 전형적인 에너지 변동은 감쇠 시간 τ_ϵ에서 방출된 양자의 수 평균에서 편차에서 비롯된다. τ_ϵ에서 방출 된 평균수는 $N\tau_\epsilon$이며 평균으로 부터 평균 제곱근 편차는 $\sqrt{N\tau_\epsilon}$ (포아송 분포)이다. 각 양자는 에너지 u_c 주위에서 값을 갖기 때문에, 평균적으로

$$\sigma_\epsilon \approx \sqrt{N\tau_\epsilon}\, u_c \tag{5.31}$$

그 결과는 식 (5.30)과 거의 동일하다. $N \approx P_\gamma / u_c$ 그리고 $\tau_\epsilon \approx E_0 / P_\gamma$이므로 다음과 같이 쓸 수 있다는 것은 흥미롭다.

$$\sigma_\epsilon \approx \sqrt{E_0\, u_c} \tag{5.32}$$

에너지 변동은 대략 전자 에너지와 임계 광자 에너지 사이의 기하적인 평균이다.

첫째로, 양자의 크기의 분포가 존재하기 때문에, 둘째로, 분포와 평균속도가저장링에서 변화할 수 있기 때문에, 좀 더 복잡한 정확한 계산을 해보자. 식 (5.28)로 돌아가서, 양자 크기들의 매 간격으로부터 $d < A^2 > /dt$에 대한 기여를 분리적으로 고려해야한다. u와 $u + \Delta u$ 사이의 에너지들을 갖는 양자, $n(u)\Delta u$는 다음의 기여를 준다.

$$\Delta \left\{ \frac{d < A^2 >}{dt} \right\} = u^2 n(u)\, \Delta\, u \tag{5.33}$$

그러나 다양한 에너지에서의 양자 방출은 상관관계가 없기 때문에 각 에너지는 $< A^2 >$의 무작위 행보 증가에 독립적으로 기여할 것이다. 매 간격 Δu 으로부터 기여들을 단지 합할 필요가 있다. :

$$\frac{d < A^2 >}{dt} = \int_0^o u^2\, n(u)\, du \tag{5.34}$$

이 적분은 단지 앞의 절에서 고려된 곱 $N < u^2 >$으로 생각할 것이다 - 식 (5.17) :

$$\frac{d < A^2 >}{dt} = N < u^2 > \tag{5.35}$$

방금 얻은 증가율은 저장링 주위에서 변화 할 수 있는, 기준 에너지 E_0로 놓을 수

있는 전자 에너지 및 궤적의 국부 곡률 반경 ρ에 의존한다. 우리의 유도로부터, 에너지 진동의 진폭에서 '중요한' 변화에 대한 시간은 감쇠 시상수 τ_e의 차수가 될 것이다. 진동주기 $1/\Omega$과 감쇠 시간 τ_ϵ는 각각 회전 시간 T_0보다 훨씬 길기 때문에, 편견없이, 급격히 변화하는 양 $N< u^2 >$을 링의 1회전에 대한 평균값으로 대체 할 수 있다. 만약 방위각 s에서 궤적의 순간 곡률 반경을 설계 궤도의 국부적인 곡률 반경으로 대체를 한다면 (평균적으로) 무시할 수 있는 에러를 만들것이다. 방위각 좌표 s 에 대하여 적분을 함으로써 1회전에 대한 $N< u^2 >$의 평균을 취하고서, 다음을 정의할 수 있다.

$$Q_\epsilon = N \ll u^2 \gg _S = \frac{1}{2\pi R}\oint N< u^2 > ds \tag{5.36}$$

예전처럼 나머지 유도를 하고서, 평균 제곱 에너지 변동에 대해서 다음을 얻는다.

$$\sigma_\epsilon^2 = \frac{1}{4}\tau_\epsilon Q_\epsilon \tag{5.37}$$

우리의 결과의 단순한 형태는 오해를 일으킬 수 있다 ; 복잡함이 τ_ϵ와 Q_ϵ에 숨어 있다. 먼저, Q_ϵ를 살펴보자. 설계 궤도상 $N< u^2 >$를 평가할 필요가 있다. 식 (5.18)에서 유도된 형태로 시작한다고 가정하자. 설계 궤도상에 P_γ는 $E=E_0, (1/\rho)=G$ (2.2 절을 보아라)로 놓음으로써 식 (4.4)로부터 얻어진다, 그래서

$$(P_\gamma)_{설계\ 궤도} = \frac{c\, C_\gamma}{2\pi} E_0^4\, G^2 \tag{5.38}$$

식 (4.9)을 이용하여 다음과 같이 쓸 수 있다.

$$(P_\gamma)_{설계\ 궤도} = \frac{< P_\gamma >_s G^2}{G^2} \tag{5.39}$$

그리고 설계 궤도상에서 u_c는 식 (5.9)로부터 얻어진다.

$$(u_c)_{설계\ 궤도} = \frac{3}{2}\hbar c \gamma_0^3 |G| \tag{5.40}$$

이때 다음 식을 얻는다

$$N< u^2 >_{design\ orbit} = C_u \cdot \frac{3}{2}\hbar c \gamma_0^3 |G| \cdot \frac{< P_\gamma >_s G^2}{G_s^2} \tag{5.41}$$

설계 궤도 주위에서 변하는 유일한 양은 G이므로 Q_ϵ는 다음과 같이 쓸 수 있다.

$$Q_\epsilon = \frac{3}{2} C_u \hbar c \gamma_0^3 \frac{P_\gamma |G|^3}{< G^2 >} \tag{5.42}$$

식 (4.53)으로부터 τ_ϵ을 취하고서

$$\tau_\epsilon = \frac{E_0}{J_\epsilon < P_\gamma >} \tag{5.43}$$

마지막으로 식 (5.37)를 다음과 같이 쓸 수 있다.

$$\sigma_\epsilon^2 = \frac{3 C_u \hbar m c^3 \gamma_0^4 < |G|^3 >}{4 J_\epsilon < G^2 >} \tag{5.44}$$

상대적인 에너지 분포 σ_ϵ / E_0는 일반적으로 더 중요하며 다음과 같이 쓸 수 있다.

$$\left(\frac{\sigma_\epsilon}{E_0} \right)^2 = \frac{C_q < |G|^3 > \gamma_0^2}{J_\epsilon < G^2 >} \tag{5.45}$$

여기서 양자 상수 C_q

$$C_q = \frac{3 C_u \hbar}{4mc} = \frac{55}{32\sqrt{3}} \frac{\hbar}{mc} = 3.84 \times 10^{-13} \ meter \tag{5.46}$$

이것은 단지 전자의 컴퓨턴 파장과 거의 같다.

$< G^3 > / J_\epsilon < G^2 >$ 양은 자기장의 기하학적 특성이다. 특히

$$\frac{< G^3 >}{J_\epsilon < G^2 >} = \frac{1}{J_\epsilon} \frac{\oint |G|^3 (s) \, ds}{\oint G^2 (s) \, ds} \tag{5.47}$$

이것은 설계 궤도의 "전형적인" 반경 곡률의 역수와 대략 같다. 식 (5.45)의 결과는 대략 궤도 반경에 대한 컴퓨턴 파장의 γ^2 배이다. 어떤 링에 대해, 상대적인 에너지 변이에서 양자 유도 퍼짐, 즉 σ_ϵ / E_0는, 전자 에너지에 직접적으로 비례하여 변한다.

등자기장 (자석이 존재하는 곳에서는 상수 반지름 ρ를 가지며, 그외 곳에서는 직선인)을 갖는 저장링에서는 위의 기하학적인 표현은 단지 $1/J_\epsilon \rho_0$이며

$$\left(\frac{\sigma_\epsilon}{E_0} \right)^2 = \frac{C_q \gamma_0^2}{J_\epsilon \rho_0} \tag{5.48}$$

5미터 자석 반경을 갖는 등자기장 저장링에서, 1GeV 에너지의 전자는 거의 0.04%의 에너지 퍼짐도를 가지게 된다 - 혹은 대략 40 keV.

5.3 | 변동의 분포

임의의 순간 t 에서 에너지 편차 $_\epsilon$는 이전의 시간들 t_1에서 양자 방출로부터 기여된 결과이다. 실제로, $\epsilon(t)$를 다음과 같이 쓸 수 있다.

$$\epsilon(t) = \sum_{t_i < t} u_i e^{-(t-t_i)\tau_\epsilon} \cos \Omega (t - t_i) \tag{5.49}$$

여기서 u_i는 t_i에서 방출되는 양자의 에너지이다. $\epsilon(t)$의 전형적인 값은 전형적인 양자 에너지보다 훨씬 크기 때문에 - 식 (5.32)을 보아라 - 그리고 시간 t_i가 무작위로 분포되기 때문에, 어떤 순간 t 에서 합은 모두 통계적으로 독립적이고 똑같은 확률로 양과 음의 많은 수의 작은 항들로 부터 기여로 구성된다. 그러한 합의 결과는 확률론적 양이며 그 확률이 가장 높은 값은 0 이며, 그렇지 않으면 정규 오차 함수로 분포되며 이것을 가우션 분포라고 한다. 이것은 에너지 편차가 ϵ 에서 간격 $d\epsilon$에서 발견 될 확률 $w(\epsilon)d\epsilon$은 다음의 식을 따른다.

$$w(\epsilon)d\epsilon = \frac{1}{\sqrt{2\pi}\,\sigma_\epsilon} \exp(-\epsilon^2/2\sigma_\epsilon^2)d\epsilon \tag{5.50}$$

종종 표준 편차로 불리우는 매개 변수 σ_ϵ는 분포의 제곱 평균 제곱근과 같다. - 즉, 직접적 적분에 의해 쉽게 보여질 수 있는 것처럼, $<\epsilon^2>$의 제곱근은

$$\sigma_\epsilon^2 = \int_{-\infty}^{+\infty} \epsilon^2 w(\epsilon)d\epsilon \tag{5.51}$$

(분포 함수 $w(\epsilon)$는 적절히 정규화되어서 이것의 완전 적분은 1과 같다.) 표준 편차 σ_ϵ는 이전 절에서 평가 한 것과 같은 양이다.

저장된 빔에는 보통 많은 수인 N개의 저장된 전자가 있다. 그것들 사이의 상호 작용이 무시 될 수있는 한, 번치내의 에너지들의 분포는 - 정상 상태하에서 - 식 (5.40)에 의해 기술 될 것이다. 즉, ϵ와 $\epsilon + d$ 사이의 에너지들을 갖는 전자들의 수는 단지

$Nw(\epsilon)d\epsilon$일 것이다. 그리고 빔에서 에너지들의 퍼짐의 반폭은 σ_ϵ으로 기술된다.

식 (5.50)의 분포함수와 σ_ϵ에 대한 계산은 에너지 진동들이 선형적인 것을 가정한다. (비선형화로, 식 (5.49)는 맞지 않으며, 개개적인 양자의 영향들은 더 이상 독립적이지 않다.) 하지만, 에너지 진동들은 큰 에너지 편차에 대해서는 선형적이지 않다는 것을 이미 보았다. 만약 고주파 전압함수가 에너지 편차에 대응되는 시간 변위에 대해서 상당히 비선형적이면 ϵ에 대한 확률 분포는 식 (5.50)의 이상적인 분포로부터 왜곡되어야 함을 기대해야한다. 하지만, 만약, 비선형성이 분포의 가장 큰 부분에 비해 너무 크지 않으면 σ_ϵ나 에너지 편차들의 분포 함수 모두는 그리 크게 영향을 받지 않을 것으로 기대할 수 있다.

고려된 에너지 편차의 분포는 에너지 진동들의 다른 매개 변수에서 관련 분포를 의미한다. 이 관계들은 3.5 절에서 논의 된 것과 같은 "위상도"에서 전자의 궤적을 고려함으로써 매우 쉽게 이해할 수 있다. 에너지 편차 ε 및 스케일된 시간 변위 θ를 줌으로써 에너지 진동의 상태를 기술할 수 있다고 가정하자.

$$\theta = \frac{\Omega E_0}{\alpha}\tau \tag{5.52}$$

Ω는 에너지 진동의 각 주파수, α 지연 인자는 상수여서 θ는 에너지 진동들의 시간 변위 좌표인 τ의 스케일된 것이다. (3.5절을 보아라). 감쇠율이 작은한 θ는 다음과 같이 동등하게 정의되어서

$$\theta = \frac{1}{\Omega}\frac{d\epsilon}{dt} \tag{5.53}$$

ϵ의 규격화 된 도함수로써 보여 질 수 있다. 지금 전자의 운동 상태를 ϵ와 θ가 직교좌표인 2차원 그래프상의 한 점에 의해 나타낼 수 있다. 그림 5.3(a)을 보아라 - 상수 진폭의 진동은 원을 나타내고 있다.

감쇠와 양자 영향이 작은 한, 작은 시간 간격 동안, ϵ과 θ는 다음과 같이 변화한다고 고려할 수 있다.

$$\epsilon = A\cos\phi \tag{5.54}$$

$$\theta = A\sin\phi \tag{5.55}$$

$$\phi = \Omega t - \phi_0 \tag{5.56}$$

여기서 A는 천천히 변화하는 진폭이다. A와 ϕ의 양들은 대표 점의 극좌표 표현이며 ϕ는 Ωt로써 증가한다.

저장된 번치에서 전자들의 에너지 진동들의 분포는 이제 그림 5.3(b)에 개략적으로 나타난 바와 같이 평면에서 점들의 분포로 나타낼 수 있다. 분포에 대한 완전한 기술은 ϵ, θ 면에서 밀도 $\psi(\epsilon,\theta)$를 명시함으로써 주어진다. 즉, $\psi(\epsilon,\theta)d\epsilon\, d\theta$는 (ϵ,θ)에 위치한 면적요소인 $d\epsilon\, d\theta$에서 발견된 전자의 수를 나타내는 것이다. 이미 수평방향 축상에 $\psi(\epsilon,\theta)$의 투영을 알고 있다. 번치내에 N 개의 전자수가 있다면, 그것은 단지 $Nw(\epsilon)$이다. 그러나 진동의 1사분면에서 각 전자는 그림의 원점에 대해 1 회전의 1/4 회전을 한다. 그리고 정상 분포를 - 즉, 시간 변화가 없는 분포 - 가정하기 때문에 수직과 수평방향 축들상의 투영은 동일함에 틀림없다. 그때, 면적요소 $d\epsilon\, d\theta$에서 전자들의 수는 다음 식으로 주어짐이 틀림없다.

$$\psi(\epsilon,\theta)d\epsilon\, d\theta = \frac{N}{2\pi\sigma_\epsilon^2}\exp\left(-\frac{\epsilon^2+\theta^2}{2\sigma_\epsilon^2}\right)d\epsilon\, d\theta \tag{5.57}$$

수평축상에 투영은

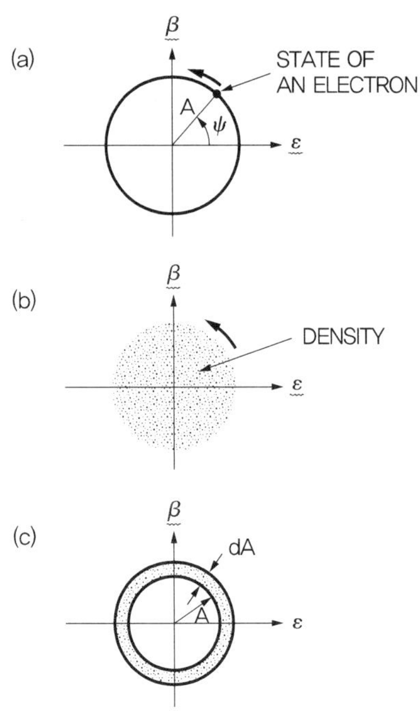

그림 5.3 에너지 진동들의 위상 공간

$$\int \psi(\epsilon,\theta)d\theta = \frac{N}{\sqrt{2\pi}\,\sigma_\epsilon}\exp(-\epsilon^2/2\sigma_\epsilon^2)d\epsilon$$

이것은 식 (5.50)의 $w(\epsilon)$과 일치한다. 마찬가지로, θ 에서 분포는

$$\frac{N}{\sqrt{2\pi}\,\sigma_\epsilon}\exp(-\epsilon^2/2\sigma_\epsilon^2) \tag{5.58}$$

이제 진동들 진폭들의 분포가 무엇인지를 물을 수 있다. $A^2 = \epsilon^2 + \theta^2$ 이므로, 진폭 A 에서 ϵ, θ 평면에서의 전자들의 밀도는

$$\frac{N}{2\pi\sigma_\epsilon^2}\exp(-\frac{A^2}{2\sigma_\epsilon^2}) \tag{5.59}$$

이제 $g(A)dA$ 를 A 에서 진폭 구간 dA 의 전자들의 수로 놓으면, 그 수는 단지 A 에서 밀도에 $2\pi A\,dA$ 배다.

$$g(A)dA = \frac{NA}{\sigma_\epsilon^2}\exp(-A^2/2\sigma_\epsilon^2) \tag{5.60}$$

(그림 5.3(c)을 보아라) 이 분포에서 A의 평균 제곱은 이전 절에서 논의 된 $<A^2>$이다. $A^2g(A)dA$ 의 직접 적분에 의해, 이전에 논의한 바와 같이, $<A^2> = 2\sigma_\epsilon^2$, 됨을 알수있다. 따라서 마지막 방정식은 다음과 같이 씌여진다

$$g(A)dA = N\frac{2A}{<A^2>}\exp(-A^2/<A^2>)dA \tag{5.61}$$

$W = A^2$를 "진동 에너지"의 척도로 가정하고 평균 진동 에너지 $<W>$ 를 계산한다고 가정하자. 에너지 간격 dW가 $2A\,dA$ 에 대응하므로, W에서 간격 dW에서 발견되는 전자들의 수는

$$h(W)dW = \frac{N}{<W>}\exp(-W/<W>)dW \tag{5.62}$$

진동 에너지들에서 분포는 순전히 지수적이며, 열 평형에서 역학 시스템들의 앙상블에서 에너지들의 볼츠만 분포에 해당한다 - 다음 식으로 주어진 특성 에너지와 함께 -

$$<W> = <A^2> = 2\sigma_\epsilon^2 \tag{5.63}$$

5.4 | 번치 길이

정규화 된 시간 변위 θ에서의 분포가 에너지 진동들의 표준 편차 σ_ϵ와 동일한 표준 편차를 갖는 가우선인 것을 식 (5.50)에서 확인하였다. 변동하는 에너지 진동들은 시간 변위 τ에서 관련 변동을 수반되며, 이러한 변동들의 표준 편차 σ_τ는 다음과 같다 - 식 (5.52)을 보아라 -

$$\sigma_\tau = \frac{\alpha}{\Omega E_0}\sigma_\epsilon \tag{5.64}$$

등자기장에 대해 식 (5.45)는 다음을 준다.

$$\sigma_\tau^2 = \frac{\alpha^2}{\Omega^2}\frac{C_q\gamma_0^2}{J_\epsilon\rho_0^2} \text{ (등자기장)} \tag{5.65}$$

식 (3.44)로부터 Ω^2을 취하고서

$$\sigma_\tau^2 = \frac{\alpha T_0 E_0}{e\dot{V}_0}\frac{C_q\gamma_0^2}{J_\epsilon\rho_0} = \frac{2\pi C_q}{(mc^2)^2}\frac{\alpha R}{J_\epsilon\rho_0}\frac{E_0^3}{e\dot{V}_0} \text{ (등자기장)} \tag{5.66}$$

시간 변위에서 퍼짐도 σ_τ가 c로 곱해질때, 번치 중심에서 종축 방향 변위의 퍼짐을주며 번치 길이의 절반으로 불리운다.

만약 특정 저장링에서 저장된 빔의 에너지 E_0가 고주파 전압 ($\dot{V}_0$)의 기울기를 일정하게 유지하면서 변화할때 번치 길이는 $E_0^{3/2}$로써 에너지에 함께 증가한다. 그러나, 에너지를 변경할 때 고주파 전압을 조정하는 것이 유리할 수 있음을 이후에 보게 될 것이다 (6.5절), 그것은 실제로 피크 고주파 전압이 E_0^3에 비례하도록 유지되는 방식이다. 고주파 전압이 정현파인 경우, 기울기 $\dot{V}_0$는 또한 E_0^3으로써 변할 것이며 식 (5.66)에 의해 번치 길이는 에너지와 무관하게 될 것이다. 이러한 경우, 상수 번치 길이, $2c\sigma_\tau$는 전형적으로 번치 중심 사이 거리의 약 10% 이다.

지금까지 구축된 저장링 중 몇 개에서 번치 길이는 저장된 번치에서 전자들의 수에 의존하는 중요한 요소에 의해 예측 된 것보다 더 큰 것으로 관찰되었다. 이 변칙적인 번치 길이의 늘어남에 대한 메커니즘은 현재로서는 이해되지 않고 있다.

5.5 | 빔 폭

싱크로트론 방사에서 불연속적인 양자 방출은 또한 임의의 베타트론 진동들을 여기할 것이고 양자 - 유도 진동들은 저장된 전자 빔의 측면 크기에 원인이 된다. 먼저 수평 베타트론 진동에 대한 양자 영향들을 살펴보자. (이전 절에서처럼, 먼저 변동들의 전체적인 통계적 특성만을 고려할 것이다.)

4.3절에서 운동량 손실은 운동 방향과 평행하다는 가정하에 경로 길이 δl에서 연속적으로 발생한다고 가정 된 작은 방사 손실 δE 영향을 고려했다. 그곳에서 얻은 결과를 받아서 δE을 양자 에너지 u로 놓음으로써 양자 방출의 경우로 체택한다. 양자 방출은 운동량의 크기만 변화시키고 방향은 변화시키지 않는다는 가정을 당분간 유지한다. 에너지에서 변화는 기준 궤도의 갑작스러운 변위 - 에너지 변위된 궤도 - 이 주위로 다시 베타트론 진동들이 일어난다 - 때문에 베타트론 변위에서 변화에 의해 수반된다는 것은 4.3 절로부터 상기할 것이다. 식 (4.35)와 식 (4.38)의 결과들을 취하고서, 에너지 u의 양자 방출은 베타트론 변위에서 변화 δx_β와 베타트론 기울기에서 $\delta x_\beta'$변화를 가져온다.

$$\delta x_\beta = -\eta \frac{u}{E_0} \quad ; \quad \delta x_\beta' = -\eta' \frac{u}{E_0} \tag{5.67}$$

이러한 갑작스런 교란이 베타트론 진동들에 미칠 영향은 저장링에서 양자 방출이 발생하는 위치와 진동을 관찰하는 위치에 의존한다. 2.6 절에서 하나의 방위각에서 관측된 진동들이 다른 방위각에서 발견되는 진동과 어떻케 관련되는가를 알고 있다. 그래서 편의상, 어떤 고정된 방위각 즉 s_1에서 진동에 대한 양자 효과를 평가할 수 있으며 그 결과를 다른 방위각으로 전송할 수 있다. 우리의 프로그램은 다음이 될 수 있다. (1) 다른 방위각 s_2에서 발생하는 양자 방출의 s_1에서의 영향은 무엇인지를 질문한다. (2) s_2에서 방출 될 수 있는 모든 양자에 대해 평균한다. (3) s_2의 가능한 모든 값으로부터 기여도를 합한다.

2.6절에서 s_2에서의 "초기 조건들" x_2와 x_2'로부터 s_1의 결과를 고려했으며 그 결과는 다음 형식으로 씌여질 수 있다.

$$x_\beta(s_1, t_j) = a\sqrt{\beta_1} \cos \phi_j \tag{5.68}$$

여기서 ϕ_j는 방위각 s_1에 의한 전자의 연속적인 경과들의 시간 t_j에서 진동 위상들이고, β_1는 s_1에서의 베타트론 함수이고, α는 다음으로 주어진 불변량 진폭이다.

$$a^2 = \frac{1}{\beta_2}(x_2^2 + (\beta_2 x'_2 - \frac{1}{2}\beta'_2 x_2)^2) \tag{5.69}$$

x_2와 x'_2에 대해서는 식 (5.67)의 교란을 놓고 그 결과의 진폭에 대해서는 δa^2을 쓰면 s_2에서의 에너지 u 양자의 방출은 다음의 진폭을 준다.

$$\delta a^2 = \frac{u^2}{E_0^2}\frac{1}{\beta_2}(\eta_2^2 + (\beta_2 \eta'_2 - \frac{1}{2}\beta'_2 \eta_2)^2) \tag{5.70}$$

오른쪽에 있는 모든 s에 의존하는 모든 양들은 s_2에서 계산되므로 s의 새 함수를 다음으로 정의하자 :

$$H(s) = \frac{1}{\beta}(\eta^2 + (\beta\eta' - \frac{1}{2}\beta'\eta)^2) \tag{5.71}$$

이것은 자기장의 특성들에 의해 지정된다. 그때 식 (5.70)은 간단하게 된다.

$$\delta a^2 = \frac{u^2}{E_0^2}H(s_2) \tag{5.72}$$

이 결과는 진폭을 0으로 시작할 때 발생하는 진폭이다. 이미 어떤 진폭 a를 가지고 있다면 무엇이 발생하는가요? 그리고 그때 양자가 방출되는지요? 진폭 A에 대해서는 4.6 절의 시작 부분에서 본바와 같이, 초기 진동의 위상과 양자 방출 발생사이에 상관관계가 없는 한, - 즉 양자 방출이 완전히 무작위이면 - 변화 a^2의 가능한 값에서 변화는 단지 계산 한 δa^2가 된다. 따라서 s_2에서 에너지 양자 u의 방출에 의해 야기된 베타트론 진동의 가능한 불변량 진폭의 변화는 다음과 같이 된다.

$$\delta < a^2 > = \frac{< u^2 >}{E_0^2}H(s_2) \tag{5.73}$$

이제 양자가 s_2에서 방출된다면 그 결과가 무엇이 되는지를 알게된다. 그런 사건이 발생할 가능성이 어떻케 되는지에 대해서 알아봐야 한다. s_2에서 전자가 거리 Δs를 이동하면서 어떤 일이 일어나는지 고려하자 - 걸리는 시간은 $\Delta t = \Delta s/c$ 이 될 것이다. 4.5 절의 정의를 취하고, 양자가 방출 될 확률은 $N\Delta s/c$ 이며, 방출된 양자에 대한

u^2의 확률값은 $<u^2>$이다. 따라서 궤적의 요소 Δs에 의한 a^2의 확률값의 변화는 다음과 같이 쓸 수 있다.

$$\delta < a^2 > \; = \frac{(N \Delta s < u^2 > H(s))_2}{cE_0^2} \tag{5.74}$$

중괄호에 있는 첨자는 내부의 모든 양들이 s_2에서 계산된다는 것을 의미한다. (N과 $< u^2 >$는 모두 궤적의 국부적인 곡률반경에 의존한다는 것을 기억할 것이다.)

링의 둘레에서 전자가 1회전하는 동안 $< a^2 >$의 변화에 대한 기여들을 더한다고 가정하자. $\Delta < a^2 >$라고 불리는 그 결과의 변화는 링둘레에서 식 (5.74)의 우변을 적분함으로써 얻어진다.

$$\Delta < a^2 > \; = \frac{1}{cE_0^2} \oint (N < u^2 > H_2) ds_2 \tag{5.75}$$

이전과 같이, 적분을 궤도 $2\pi R$의 길이와 적분의 평균값 - s에 관하여 - 의 곱으로써 나타내는 것이 편리 할 것이다.

$$\Delta < a^2 > \; = \frac{2\pi R}{cE_0^2} < N < u^2 > H >_s \tag{5.76}$$

N와 $< u^2 >$이 실제 전자 궤적에 의존할지라도 - 그래서 한 회전에서 다음 회전마다 변화 할 수 있다 - 그것은 설계 궤도상에서 값과 거의 다르지 않을 것이다. 또한 설계 궤도로부터 변위에서 1 차항에서 그 차이는 평균상 0이 될것이다. 어쨌든 많은 회전에 걸쳐 축적되는 영향들에만 관심을 가지므로, (에너지 진동에 대해서 하였던 것처럼) 설계 궤도상에서 $N < u^2 >$를 평가함으로써 식 (5.76)에서 평균을 취하면 그다지 큰 에러를 만들지 않을 것이다. 그러므로 이러한 방식에서 s에 대한 평균을 해석 할 것이다.

식 (5.76)의 변화 $\Delta < a^2 >$는 한주기의 시간에서, 즉 $2\pi R/c$에서 일어난다. 따라서 다음과 같이 쓸 수 있다.

$$\frac{d < a^2 >}{dt} = Q_X = \frac{< N < u^2 > H >_s}{E_0^2} \tag{5.77}$$

이것은 물론 양자 노이즈로 부터의 기여이다. 5.2 절에서와 같이, 감쇠항에 기여하는 방사의 평균 효과를 추가해야한다

$$\frac{d < a^2 >}{dt} = -\frac{2 < a^2 >}{\tau_x} \tag{5.78}$$

여기서 τ_x는 지름방향 베타트론 진동들의 감쇠 시상수이다. 정상 상태에서 식 (5.77)와 (5.78)의 합인 총 시간 도함수는 0이다. 정상 상태에서 a^2의 기대 값에 대해서 다음을 얻는다.

$$< a^2 > = \frac{1}{2}\tau_x Q_X \tag{5.79}$$

이제 베타트론 변위들에서 기대된 퍼짐도를 얻기 위하여 식 (5.68)로 되돌아 갈 수 있다. $x_\beta(s_1)$의 기대치를 제곱하고서, s_1에서 지름 방향 베타트론 변위에서 평균 제곱근 퍼짐도에 대해서는 다음과 같이 쓸 수 있다.

$$\sigma^2_{x_\beta}(s_1) = < x^2_\beta(s_1) > = \frac{1}{2} < a^2 > \beta_1 \tag{5.80}$$

방위각 s_1은 어느 위치가 될 수 있으므로 이제 아래 첨자를 삭제할 수 있다. 마지막 두 방정식을 결합하고서 다음과 같이 쓸 수 있다.

$$\sigma^2_{X_\beta}(s) = \frac{1}{4}\tau_x Q_X \beta(s) \tag{5.81}$$

이 결과의 형태는 σ_ϵ에 대해 얻은 것과 유사하다. τ_X와 Q_X는 모두 자기장의 전체 특성으로 부터 결정되는 숫자이다 - 그리고 변수 s에 의하여 변화하지 않는다. σ_{X_β}의 유일한 변화는 인수 $\beta(s)$에서 발생한다. 그때 이것은 양자 유도된 베타트론 진동들에 의한 저장된 전자 빔의 수평방향 퍼짐에 대한 결과이다.

결과의 물리적 중대함을 보기위해 τ_x와 Q_X에 숨겨진 복잡성들을 살펴야 한다. 식 (5.41) 로부터 $N < u^2 >$를 취하고서

$$Q_X = \frac{3}{2} C_u \hbar c \gamma_0^3 \frac{< P_\gamma >_s < |G|^3 H >_s}{< G^2 >} \tag{5.82}$$

여기서, $G(s)$는 궤도의 역 반경이고, $H(s)$는 식 (5.71)의 함수이다. 식 (4.53)으로부터 τ_X를 취하고서 다음을 얻는다.

$$\frac{\sigma^2_{X_\beta}}{\beta} = \frac{1}{4}\tau_x Q_X = \frac{C_q \gamma_0^2 < |G|^3 H >_s}{J_x < G^2 >_s} \tag{5.83}$$

C_q는 식 (5.46)에 정의된 양자 계수이다.

등자기장에 대해 ($G = 1/\rho_0$ 또는 0) 이 결과는 다음과 같이 단순화된다.

$$\frac{\sigma_{X_\beta}^2}{\beta} = \frac{C_q \gamma_0^2 < H >_{mag}}{J_X \rho_0} \text{ (등자기장)} \tag{5.84}$$

여기서, $< H >_{Mag}$는 자석들에서 단지 취한 H의 평균이다. 즉,

$$< H >_{mag} = \frac{1}{2\pi\rho_o} \int_{mag} \frac{1}{\beta} (\eta^2 + (\beta\eta' - \frac{1}{2}\beta'\eta)^2) ds \tag{5.85}$$

식 (5.84)과 식 (5.48)을 비교하고서, 등자기장에 대해서,

$$\frac{\sigma_{X_\beta}^2(s)}{\beta(s)} = \frac{J_\epsilon < H >_{Mag}}{J_X} (\frac{\sigma_\epsilon}{E_0})^2 \text{ (등자기장)} \tag{5.86}$$

σ_{x_β}의 정확한 계산을 위해 식 (5.85)의 적분이 계산되어야 한다. 그러나 3.3 절에서 논의된 근사적 관계들을 사용하여 간단하지만 - 꽤 좋은 - 근사를 얻을 수 있다. 식 (3.21)은 (s)에 좋은 근사로써 다음을 준다

$$\eta(s) \approx (\frac{\alpha R}{\nu_x})^{1/2} \beta^{1/2}(s) \tag{5.87}$$

이 근사가 유효한 범위 내에서 $\beta\eta'$와 $1/2\beta'\eta$는 모든 곳에서 동일하고 $H(s)$는 단지 상수이다. 즉,

$$H \approx \frac{\alpha R}{\nu_x} \tag{5.88}$$

그리고 식 (5.86)은 다음과 같다

$$\frac{\sigma_{X\beta}^2(s)}{\beta(s)} \approx \frac{J_\epsilon}{J_x} \frac{\alpha R}{\nu_x} (\frac{\sigma_\epsilon}{E_0})^2 \text{ (등자기장)} \tag{5.89}$$

대신으로, 식 (5.84)을 다음과 같이 쓸 수 있다.

$$\frac{\sigma_{x_\beta}^2(s)}{\beta(s)} \approx \frac{C_q \alpha R \gamma_0^2}{J_x \rho_0 \nu_x} \text{ (등자기장)} \tag{5.90}$$

지름방향 베타트론 퍼짐은 저장된 전자의 에너지와 C_q의 기하 평균 및 자기장의 특성

인 길이에 비례한다.

영향의 크기의 차수에 대한 정량적인 감을 얻기 위하여 식 (5.89)에서 β를 전형적인 값인 $\beta_n = R/\nu_x$로 α를 근사적으로 $1/\nu_x^2$로 대체할 수 있다. - 2.8 절과 3.3 절을 보아라 -

$$(\frac{\sigma_{x_\beta}}{\beta_n})^2 = \frac{J_\epsilon}{J_x \nu_x^2}(\frac{\sigma_\epsilon}{E_0})^2 \tag{5.91}$$

β_n에 σ_{x_β}의 비는 인자 $J_\epsilon/J_x\nu_x^2$를 제외하고는 E_0에 σ_ϵ의 비와 같으며 전형적으로 $\approx 1/3$정도가 된다. 앞에서 언급했듯이, σ_ϵ/E_0는 자기 반경에 컴퓨턴 파장의 비율의 단지 γ배이다. 일반적인 1 GeV 저장링의 경우, $\beta_n \approx 6$ 미터와 $\sigma_\epsilon / E_0 \approx 4\times 10^{-4}$ (앞에서와 같이)를 가지며 ; 그때 $\sigma_{x_\beta} \approx 1.4$ mm 이다.

에너지 편차에 대해 5.3 절에서 논한 바와 같이, 어떤 특정한 베타트론 변위를 찾는 확률은 정상적인 오차 함수로써 변할 것이다. 즉, x_β와 $x_\beta + dx_\beta$ 사이의 베타트론 변위를 갖는 특정 전자를 발견 할 확률은

$$w(x_\beta)dx_\beta = \frac{1}{\sqrt{2\pi}\,\sigma_{x_\beta}}\exp(-x_\beta^2/2\sigma_{x_\beta}^2)dx_\beta \tag{5.92}$$

이 될 것이다. N개의 전자들을 포함하는 특정 번치들을 생각한다면, 그때 어떤 특정 방위각을 통과하면서, x_β에서의 지름방향 간격 dx_β에 놓여있는 전자 $n(x_\beta)$의 수는 다음과 같으며

$$n(x_\beta)dx_\beta = Nw(x_\beta)dx_\beta$$

또한 가우시안 분포를 갖는다. 저장된 빔을 반지름 분포의 표준 편차 σ_{x_β}에 의해 주어진 반 폭 (s에 의존하는)을 갖는 퍼지 물체로 생각할 수 있다.

그러나 번치내에서 전자들의 에너지 퍼짐이 관련된 지름 방향 퍼짐을 야기하기 때문에 전체 지름 방향 퍼짐이 베타트론과 에너지 진동들로 부터 모두의 기여를 가짐을 잊지 말아야한다. 에너지 편차 ϵ을 갖는 전자는 지름방향 변위가 $x_\epsilon(s) = \eta(s)\epsilon / E_0$에 따라서 방위각 위치 s에 따라 변화하는 궤도상에서 움직인다는 것을 상기하면, 에너지 퍼짐에 인한 평균 제곱 지름 방향 퍼짐은 다음과 같다.

$$\sigma_{x_\epsilon}^2(s) = \eta^2(s)\frac{\sigma_\epsilon^2}{E_0^2} \tag{5.93}$$

이제 에너지 진동들과 베타트론 진동들의 주기들은 매우 다르며, 확실히 정확히 상응하지는 않는다. 그러므로 - 이러한 것들은 같은 확률적 사건에 의해 여기 될지라도 - 통계적으로 독립적으로 간주 할 수 있다. 총 지름방향 퍼짐에 대한 기여들은 제곱으로 더할 수 있고, 다음과 같이 쓴다.

$$\sigma_x^2 = \sigma_{x_\beta}^2 + \sigma_{x_\epsilon}^2 \tag{5.94}$$

이제 오직 등자기장만을 고려하자. 식 (5.86) 으로부터 $\sigma_{x_\beta}^2$를 그리고 σ_ϵ^2에 대해서는 식 (5.48)을 이용해서 다음과 같이 쓸 수 있다.

$$\sigma_x^2(s) = \frac{C_q\gamma_0^2}{\rho_0}\frac{< H >_{Mag}\beta(s)}{J_x} + \frac{\eta^2(s)}{J_\epsilon} \text{ (등자기장)} \tag{5.95}$$

또는 η와 H에 대한 (5.87)과 (5.88)의 근사적인 표현을 사용하고자 한다면 중괄호 내에 있는 두 항들의 비율은 단지 J_x/J_ϵ이며, 다음과 같이 된다.

$$\sigma_x^2(s) \approx \sigma_{x_\beta}^2(1 + \frac{J_x}{J_\epsilon}) \text{ (등자기장)} \tag{5.96}$$

지름 방향 퍼짐에 대한 두 기여는 함께 달라지므로 그 합은 상수인자가 된다. J_ϵ이 전형적으로 J_x에 2배인 것을 상기하고서 다음을 갖는다.

$$\sigma_x \approx \sqrt{1.5}\,\sigma_{x_\beta} \tag{5.97}$$

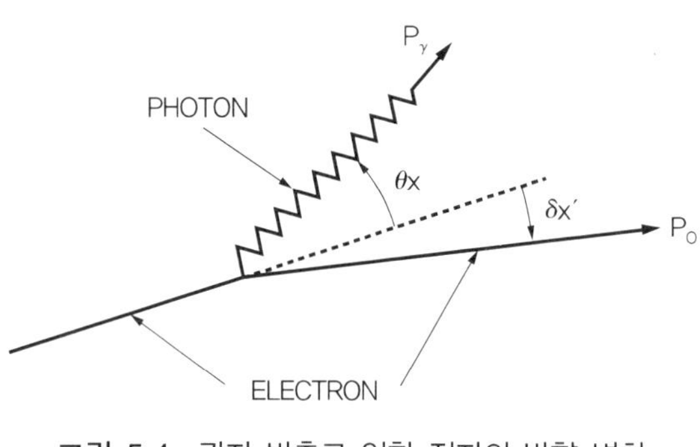

그림 5.4 광자 방출로 인한 전자의 방향 변화

본 절에서의 결과들은 지름 방향과 수직방향 진동들 사이의 결합 영향을 고려하지 않았다. 그러한 결합이 존재하면 이 결과들은 다음 절에서 설명 되는바와 같이 수정되어야 한다.

5.6 | 빔 높이

빔 폭의 계산을 할 때 양자의 방출은 전자의 운동 방향을이 변화하지 않는다고 가정하였다. 이러한 가정은 엄격히는 맞진 않는다. 어떤 개개의 양자 사건은 전자에 작은 횡방향 충격량을 줄 수있다. 양자 사건은 전자의 모멘텀에 대해서 각도 θ_γ에서 u/c의 광자 모멘텀 방출에 대응한다고 생각할 수 있다. 이것은 $\theta_\gamma u/c$와 같은 횡방향 모멘텀 성분을 동반한다. 모멘텀 보존은 전자의 횡방향 모멘텀 $x'E_0/c$ 에서 대응되는 변화가 있음을 요구한다 - 그림 5.4를 보아라. 즉 다음으로 주어진 x'에서 변화가 있게된다.

$$\delta x' = \frac{u}{E_0}\theta_x \tag{5.98}$$

여기서, θ_x는 θ_γ의 수평방향 투영이다. 싱크로트론 방사는 일반적으로 전자의 운동방향을 따라 방출되지만, $1/\gamma$의 절반 각도를 가진 콘의 형태로 퍼진다. 따라서 θ_γ는 전형적으로 $1/\gamma$의 크기로 고려할 수 있다. 식 (5.67)에서 나타나는 양인 η'는 1의 크기의 차수여서 지름 방향운동에 관한 식 (5.98)로부터의 기여의 무시는 잘 정의된다

하지만, 수직 베타트론 운동에서 양자영향들에 무엇이 있을 수 있는가를 고려해 보자. 만일 설계궤도가 평면에 완전히 놓여 있다면, 수직 방향 운동에 양자 방출에 1차 영향들은 없다. (즉 대응하는 수직 함수는 정확하게 0이다.) 오로지 남은 영향은 방출의 방향의 각도 분포가 될 것이다.) 그 영향의 크기를 살펴보자.

식 (5.67)을 다음으로 대체함으로써 앞절의 결과들을 살펴보자.

$$\delta z = 0; \qquad \delta z' = \frac{u}{E_0}\theta_z \tag{5.99}$$

θ_z는 광자 방출의 투영 수직 각도이다. 식 (5.73)은 - 아래 첨자 z는 수직 진동을 다루는 것을 상기하고서 - 다음과 같이 된다.

$$\delta < a_z^2 > = \frac{u^2}{E_0^2} \theta_z^2 \beta_z(s_2) \tag{5.100}$$

유도를 진행하고서 식 (5.81) 대신에 다음과 같음을 알 수 있다.

$$\sigma_{z_\beta}^2(s) = \frac{1}{4} \tau_z Q_z \beta_z(s) \tag{5.101}$$

이 때 Q_z는 다음과 같다.

$$Q_z = \frac{< N < u^2 \theta_z^2 > \beta_z >_s}{E_0^2} \tag{5.102}$$

Q_z를 평가하기 위해 방출각에 대한 싱크로트론 방사의 주파수 스펙트럼의 변화를 설명할 필요가 있다. 다루고 있는 영향은 어떠한 경우에 대해서 작다고 가정하였기 때문에 근사 계산이 수행될 것이다. 먼저 다음과 같은 근사를 한다고 가정한다.

$$< u^2 \theta_z^2 > \approx < u^2 > < \theta_z^2 > \tag{5.103}$$

평균 제곱 투영각도에 대해 방사의 평균 제곱 극각도의 절반을 취한다.

$$< \theta_z^2 > \approx \frac{1}{2\gamma_0^2} \tag{5.104}$$

또한 $\beta_z(s)$를 전형적인 값 β_n으로 대체한다. 그때 다음을 얻는다.

$$Q_z \approx \frac{< N < u^2 \gg_s \beta_n}{\gamma_0^2 E_0} \tag{5.105}$$

$N < u^2 >$의 평균은 5.2 절에서 Q로 불리었던 것을 회상하라. 그때 다음과 같다.

$$\frac{\sigma_z^2}{\sigma_\epsilon^2} \approx \frac{\tau_z Q_z \beta_n}{\tau_\epsilon Q_\epsilon} \approx \frac{J_\epsilon}{J_z} \frac{\beta_n^2}{\gamma_0^2 E_0^2} \tag{5.106}$$

평평한 설계 궤도에서 $J_z \approx 1$이며 등자기장의 경우를 고려할 때, 식 (5.48)로부터 $\sigma_\epsilon^2 / E_0^2$을 취할 수 있으며 다음을 얻는다.

$$\sigma_z^2 \approx \frac{C_q \beta_n^2}{\rho_0} \text{ (등자기장)} \tag{5.107}$$

대략적으로 말해서, β_n은 ρ_0와 같은 차수이며 다음을 얻는다.

$$\sigma_z^2 \approx C_q \, \beta_n \tag{5.108}$$

양자 방출에 의해 유도된 수직 방향 진동들은 에너지 독립적이며 대략 $1/\gamma_0^2$ 인자 만큼 방사 진동들보다 작다. 이는 실제로도 매우 작다.

식 (5.107)로 주어진 수직 방향 진동들은 너무도 작아서 훨씬 더 큰 영향에 - 수평 베타트론 진동에서 수직 방향 진동으로의 에너지의 결합 - 의해 생성된 수직 방향 진동들과 비교해서 항상 무시할만 하다. 이러한 것은 본질적으로 2차 섭동들이 되기 때문에, 단원 2에서 베타트론 진동들의 특성을 고려할 때 이러한 영향들은 분석하지 않았다. 실제의 링에서 설치 결함들로부터 기대되는 섭동들의 분석은 수평방향과 수직방향 진동들 사이의 결합은 빔 폭에서 적어도 수 퍼센트인 링 빔의 높이를 생성하는 것 같다. - 그러므로 위에서 계산된 최소 고유한 빔 폭보다 훨씬 크다.

이후에 보는 바와같이, 우연한 결함들에 의해 생성된 것 보다 더 큰 빔 높이를 얻는 것이 때때로 바람직하다. 이는 수평 방향과 수직 방향 진동들 사이의 결합의 의도적인 증가를 도입함으로써 행해 질수 있다 - 특수 자기 요소들 (스큐 사극자석) 이나 ν_x와 ν_z사이의 공명근처에서 링을 운전함으로써 혹은 두 경우 모두의 커플링에 의해 영향을 받을 수 있는 것처럼.

수평과 수직 방향 진동들의 커플링에 대한 자세한 분석은 이 교과서의 범위를 넘어서지만 현상학적인 접근은 우리의 목적에 도움이 될것이다. g_x와 g_z는 지름방향과 수직 방향 진동들의 불변량 평균 제곱 진폭을 나타낸다고 가정하자. 즉,

$$g_x = \frac{\sigma_x^2(s)}{\beta_x(s)}; \qquad g_z = \frac{\sigma_z^2(s)}{\beta_z(s)} \tag{5.109}$$

수평과 수직 진동의 감쇠율이 같은 특별한 경우, 다음과 같이 논할 수 있다. 식 (5.81)로부터 커플링의 부재에서 다음을 얻는다.

$$g_x = g_0 = \frac{1}{4} \tau_x \, Q_x \tag{5.110}$$

결합이 고려될 때, 지름 방향 진동들의 양자 여기는 균등한 분할까지는 어떠한 비율로 수직 진동들과 공유될 수 있다. 즉, 다음과 같이 나타내어진다.

$$g_z = \kappa g_x \tag{5.111}$$

κ는 커플링계수이다. 실제적으론 κ를 1 퍼센트 이하로 줄이는 것은 아마도 어렵지만 원리적으로 κ는 0과 1사이의 어느 수든 가능하다. 여기는 공유되므로, 겹합된 여기들은 g_0와 같아야 한다.

$$g_x + g_z = g_0 \tag{5.112}$$

동일하게 다음과 같이 쓸 수 있다.

$$\begin{aligned} g_z &= \frac{\kappa}{1+\kappa} g_0 \\ g_x &= \frac{1}{1+\kappa} g_0 \end{aligned} \tag{5.113}$$

여기서 g_0는 5.6 절에서 유도된 (결합이 고려됨이 없이) $\sigma^2_{x\beta}/\beta$에 대한 표현들의 어떠한 것으로부터 취하여진다. 주어진 어떠한 커플링 계수 κ에 대해 g_z와 g_x는 얻어지며, 이것들로부터 빔의 절반 폭과 절반 높이인 σ_x와 σ_z는 식 (5.109)을 사용하여 얻을 수 있다.

이런 방식에서 얻을 수 있는 최대 빔 높이는 $\kappa = 1$일 때 발생한다. 그때 $(g_z)_{\max} = g_0/2$이며

$$\frac{(\sigma_z^2)_{\max}}{\beta_z} = \frac{1}{8} \tau_x Q_x \tag{5.114}$$

등자기장에 대한 앞절의 근사 결과를 이용하여 최대 수직 방향 빔 분산에 대해서 다음과 같이 쓸 수 있다.

$$\frac{(\sigma_z^2)_{\max}}{\beta_z} \approx \frac{C_q \alpha R \gamma_0^2}{2 \rho_0 \nu_x} \quad (\text{등자기장}) \tag{5.115}$$

여기서, $\tau_x = \tau_z$ 임을 가정했으므로, $J_x = J_z = 1$로 놓았다.

원리적으로 빔의 폭과 높이에서 하나 혹은 모두는 횡축 방향 진동들의 인위적인 자극에 - 예를 들면 저장된 빔에 충격적인 전기력 및 자기력의 가함에 의해 - 증가될 수 있다. 하지만, 실제적으로 외부의 자극은 충돌 빔의 휘도에서 해로운 영향들을 주는 것으로 알게된 번치내의 많은 수의 전자들에 집단적인 운동을 일으킬 수 있다. 하지만 인위적인 빔 크기 증가는 두 충돌 빔들을 위한 서로 다른 베타트론 수들을 갖는 운전 가

능성을 가지는 미래의 저장링들에서 사용될 수 있을 것이다.

5.7 | 방사 진동으로부터의 빔 수명

이전 절에서 저장된 전자가 x와 $x+dx$ 사이의 지름 방향 변위에서 주어진 방위각 s를 통과할 가능성이 가우시안 오차 함수로서 분포되어 있다는 것을 논의해 왔다. 즉,

$$w(x)dx = \frac{1}{\sqrt{2\pi}\,\sigma_x} exp(-x^2/2\sigma_x^2)dx \tag{5.116}$$

σ_x는 s의 함수이다. 그러한 분포는 분명히 아주 정확하지 않을 수 있다. 왜냐하면 실제 저장된 빔이 유한한 구경을 가진 진공 챔버에서 존재해야하는 반면, 임의로 큰 양수의 변위와 음수의 변위로 넘어서는 "꼬리"가 있기 때문이다. 식 (5.116)의 확률 분포는 지름방향 구경이 링의 모든 위치에서 σ_x보다 훨씬 큰 값을 갖는 한 상당히 올바른 것으로 기대할 수 있는 단지 근사화가 될 수 있다.

그러나 구경이 클 때 조차도 여전히 유한한 범위에서 상당한 영향이 있을 수 있다. 조만간 전자는 구경 한계만큼 큰 지름 방향 변위를 생성하기 위해서 양자 방출에서 충분히 큰 변동을 겪을 것이다. 그때 전자는 진공 챔버의 가장자리와의 충돌 또는 구경의 한계를 결정하는 장애물에 의해서 손실될 것이다. 대신에 자기장의 비선형성을 고려한다면, 큰 진폭의 진동들은 저장된 빔에서 전자의 손실을 가져오게끔 불안정하게 될 수 있다. 현재의 논의를 위해, 물리적 장애물에 의해 제한된 구경의 관점에서 생각하는 것이 편리할 것이다. 논의를 자기적인 구경 제한으로의 확장은 비교적 간단하다.

구경 한계에서 전자가 손실될 기회가 작은 한 - 감쇠 시간에서 1보다 훨씬 작음을 의미하는 - 손실되는 단위 시간당 확률은 모든 전자에 대해 동일하다. 저장된 빔으로부터 손실률은 존재하는 전자의 수 N에 비례할 것이다 ; 따라서 N은 지수적으로 감소하며 손실률과 관련된 시상수 τ_q로 감소할 것이다.

$$\frac{1}{\tau_q} = -\frac{1}{N}\frac{dN}{dt} \tag{5.117}$$

숫자 τ_q는 일반적으로 저장된 빔의 양자 수명으로 흔히 언급된다.

모든 조건에 대한 양자 수명의 정확한 평가는 약간 복잡하다. 그러므로, 저장링에 대해 가장 관심의 조건인 수명이 길 때만 상당히 정확한 계산한 방법을 보이겠다. 우선 횡방향 진동으로 인한 수명을 살펴보고, 그 이후에는 에너지 진동들로 인한 수명을 살펴보겠다.

지름 방향 베타트론 진동만이 여기된다는 다소 지나치게 단순한 상황을 생각해보자 - 에너지 진동과 관련된 지름방향 퍼짐을 당분간 무시하고서 2.6절에서 방사 영향들의 부재에서 전자의 베타트론 진동은 엔벨로프의 한계 $X(s) = a\sqrt{\beta(s)}$ 사이의 대역에서 존재하고 있음을 보았다 - 그림 2.6를 보아라. 양자 영향들과 방사 감쇠를 포함할때, 어떤 특정 전자의 "불변량" 진폭 인자 a는 임의 방식으로 위아래로 흔들린다. 그러나 a의 변화들의 시간 스케일은 다소 느리다, 즉, 회전 시간보다 훨씬 크다. -. 따라서 전자는 엔벨로프가 천천히 변화하는 지름방향 밴드를 지속적으로 쓸고 지나간다고 생각할 수 있다.

이제 방사각 s_1에서 링의 구경 한계를 정의하는 방해물이 있다고 가정하자. 이것은 불변량 진폭 a가 변화하면서 엔벨로프 $X(s)$가 s_1에서 방해물을 조우할 것임을 의미한다. 그림 5.5를 보아라. 모든 손실은 s_1에서 발생하며 이 방위각에서 지름 방향 분포를 고려할 필요가 있다.

2.7절에서 어떤 선택된 방위각에 연속적으로 통과시에 지름방향 변위는 다음과 같이 시간에 따라 변화함을 보았다.

$$x = a\sqrt{\beta_1}\, cos\, \omega t \tag{5.118}$$

에너지 진동에 대해 5.3절에서 한바와 같이, 진폭 인자의 제곱을 진동들의 "유효 에너지"의 척도로 취할 수 있으며 다음과 같이 정의하자.

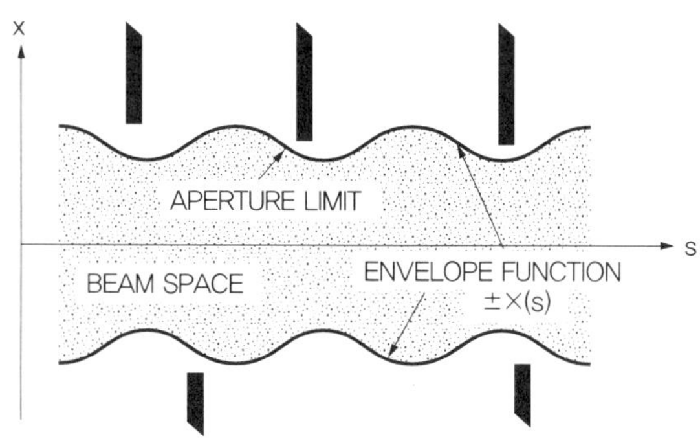

그림 5.5 지름 방향 구경 제한

$$W = a^2\beta_1 \tag{5.119}$$

양자 영향과 복사 감쇠는 W에서 느리게 변화하는 변동을 일으킨다. 5.3절에서 행한 동일한 주장은 - 어떤 구경의 제한이 없는 경우 - 빔 내의 전자들이 다음과 같은 (식 (5.62)을 보아라) W의 분포를 갖는 것으로 다시 사용될 수 있다.

$$h(W) = \frac{N}{\langle W \rangle} exp(-W/\langle W \rangle) \tag{5.120}$$

평균값 $\langle W \rangle$는 $2\sigma_x^2$와 같다. (함수 $h(W)$는 W와 $W \sim dW$ 사이의 "진동 에너지"를 갖는 전자들의 수는 $h(W)dW$인 것으로 정의된다) 함수 $h(W)$는 그림 5.6에서 실선으로 보여진다.

이제 W가 "W - 피크"라고 부를 수 있는 한계 값 $\widehat{W}$를 초과하는 전자를 제거하는 구경 한계가 있을 때 무엇이 일어나는지 고려해보자. $W > \widehat{W}$인 전자는 존재할 수 없으므로 실제 분포 $h(W)$는 큰 W에 대해서 그림 5.6의 점선과 대응되도록 변경되어야 한다. 다음과 같은 방식으로 어떤 일이 일어나는지 생각해볼 수 있다. 양자 영향들은 작은 W의 영역에서 큰 W의 영역으로의 전자의 확산에 의해 이상적인 분포를 지속적으로 채우려 한다. 그러나 전자가 $\widehat{W}$에 도달할 때마다 없어지어서 분포의 꼬리로부터 연속적인 손실이 있다. 이 손실률에 대한 평가를 하고자 한다.

다음과 같은 방법으로 대략적인 평가를 할 수 있다. 감쇠 시상수 τ_x와 같은 양자 변동들에 대한 특징적인 "이완 시간"이 있다고 언급했다. 매 감쇠 시간마다 이상적인 분포의 꼬리 부분을 채우는 "시도"가 있다고 생각할 수 있다. 그때 매 감쇠 시간에서 손실된 전자들의 수는 $W > \widehat{W}$를 갖는 이상적인 분포에서 전자들의 수와 같게 된다.

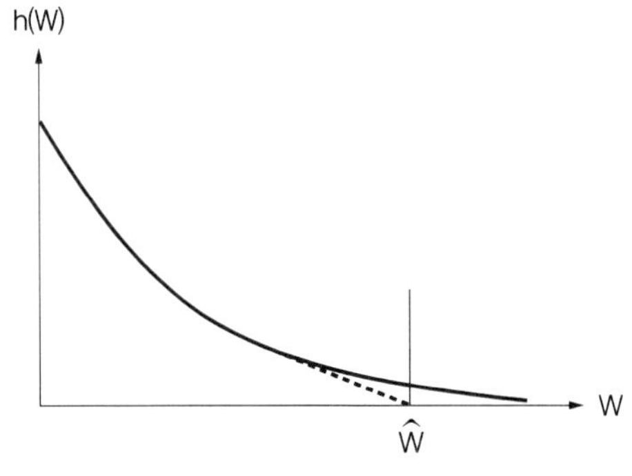

그림 5.6 진동 에너지들의 분포

이 숫자는 다음과 같다.

$$N(>\widehat{W}) = \int_{\widehat{W}}^{\infty} h(W)dW = \exp(-\widehat{W}/\langle W\rangle) \tag{5.121}$$

그때 전자 손실률은 다음과 같이 평가될 것이며

$$-\frac{dN}{dt} \approx \frac{N}{\tau_x} exp(-\widehat{W}/\langle W\rangle) \tag{5.122}$$

이것은 다음의 양자 수명을 주게된다.

$$\tau_q \approx \tau_x \exp(\widehat{W}/W) \tag{5.123}$$

수명은 그 자체가 $\widehat{W}/\langle W\rangle$에 지수적으로 의존한다고 평가할 것이다.

τ_q의 정확한 계산은 $h(W)$에 대한 확산 방정식을 설정을 요구하며 적절한 경계 조건들로 수치적으로 이를 푸는 것을 요구한다. 여기서는 이것을 시도하지 않고 오히려 정확한 결과에 대한 좋은 근사가 어떻케 얻어 질 수 있는가를 보이겠다.

구경 제한이 없다면 $\langle W\rangle$보다 훨씬 큰 어떤 특정 W의 근처에서 일어나가를 고려해 보자. 이상적인 분포에서 $W > W_0$를 갖는 특정 전자를 발견할 확률은 매우 적다. 전자가 한 번 꼬리에 들어가면 ($W > W_0$), 꼬리 부분에 다른 전자에 의해 대체되어서 분포의 주 영역으로 오히려 빨리 되돌아갈 가능성이 높다고 볼 수 있다. 이제 W_0 근처의 작은 영역을 통과하는 전자들의 흐름을 고려하자. 꼬리를 채우고 있는 전자들은 이 구역을 통해 왼쪽으로 통과할 것이고, 전자의 동일한 선속은 (정상상태에서) 비정상적인 양자 변동들로 인해 이 구역을 통과하여 오른쪽으로 통과할 것이다 (꼬리를 떠나는 전자가 순간적으로 비정상적인 변동을 가져서 분포의 꼬리로 바로 다시 재 진입할 수 있는 매우 가능성이 없는 사건을 무시하고 있다).

꼬리에서 나오는 전자의 흐름을 평가해보자. W가 클때 “정상적인” 에너지 변동들은 감쇠로 인한 W의 감소율과 비교해서 무시될 수 있다. 어떤 전자에 대해, 감쇠는 다음과 같다.

$$\frac{dW}{dt} = -\frac{2W}{\tau_x} \tag{5.124}$$

감쇠로 인해서 W를 통과하는 전자의 선속은 다음과 같게 된다.

$$\left\{ Nh(W)\frac{dW}{dt} \right\}_{W_0} = \frac{2NW_0 h(W_0)}{\tau_x} \tag{5.125}$$

구경 제한의 부재에서, 어떤 W를 - 특히 W_o - 통과하는 총 선속은 0 이어야 하므로 식 (5.125)의 내부로 향하는 선속과과 완전히 같은 외부로 향하는 전자 선속이 있게 된다.

이제 $\widehat{W}$에서 구경 한계를 설정하자. 이것이 충분히 크다면, 분포의 주 영역은 거의 영향을 받지 않는다. $\widehat{W}$에서 외부로 통과하는 선속은 변하지 않는 반면 $\widehat{W}$ 안쪽으로 통과하는 선속은 물론 0이 될것이다. $W_0 = \widehat{W}$에서 평가된 식 (5.124)의 선속은 손실된 전자들의 외부 선속의 평가임을 또한 알고 있다. 손실률은 다음과 같게 된다.

$$-\frac{dN}{dt} = \frac{2N\widehat{W}h(\widehat{W})}{\tau_x} \tag{5.126}$$

$h(W)$에 대한 식 (5.120)을 사용해서

$$\tau_q = \frac{\tau_x}{2}\frac{\langle W \rangle}{W} exp(\widehat{W}/\langle W \rangle) \tag{5.127}$$

$\widehat{W}$와 $\langle W \rangle$는 구경(어떤 방위각 s_1에서 발생하는 것으로 가정된)에 의해 허용된 제한적인 지름방향 변화 및 다음과 같이 주어진 그 방위각에서의 평균 제곱근 지름 반경 방향 변위에 관련된다.

$$\widehat{W} = \left[a^2 \beta_x(s_1) \right]_{Max} \ ; \ \langle W \rangle = 2\sigma_x^2(s_1) \tag{5.128}$$

두 숫자는 제한 구경의 방위각 위치에서 계산된다.

이 결과는 식 (5.123)과는 인자 $\langle W \rangle / 2\widehat{W}$만큼 다르므로 전형적으로 5 또는 10이 될 수 있는 인자만큼 더 작은 수명을 준다. 이 불일치는 "완화 시간"은 분포의 주 영역에서의 전자수 보다는 분포의 꼬리에서의 전자수가 이 인자만큼 더 작다고 주장함으로써 설명될 수 있다. - 분포의 꼬리 부분이 분포의 주 영역보다 상대적으로 짧은 시간 동안 축적된다면 큰 변동이 방사 감쇠를 지배할 가능성이 더 높기 때문에 이해할 수 있다. 식 (5.127)은 평가하려고 시도하지 않은 정량적인 중요성을 갖는 어떤 근사를 함으로써 유도되었을지라도, 같은 결과가 더 정교한 - 아직까지 근사적일지라도 - 기법에 의해 얻어지었다.

양자 수명의 유도에서, 지름 방향 변동들은 단지 베타트론 진동등에 기인한다고 가정했다. 그러나 5.5절에서 보았듯이, 지름 방향 빔 퍼짐은 베타트론 진동과 에너지 진동들 모두로부터 기여를 갖고 있다. 그리고 이 두 성분들이 서로 다른 감쇠 시상수들을 가진다는 사실에 의해 분석은 복잡해진다. 계산을 세밀히 하지 않겠지만 다음과 같은 의견들을 줄것이다. 이 두 가지 감쇠 시상수들은 크게 다르지 않으며 일반적으로 인자 2내에 있다. 그때 식 (5.125)는 σ_x^2를 총 평균 제곱 빔 확산으로 사용하고 τ_x를 베타트론과 싱크로트론 감쇠 시상수들 사이의 어떤 값으로 사용하면 합리적인 근사치를 제공할 것이라는 것은 분명하다. 혹은 그 대신으로, 두 개의 시상수들의 더 작은 값을 τ_x에 대해서 사용하면 - 하한 값인 - τ_q의 "안전한" 평가치를 얻을 수 있다.
양자 수명은 근사적으로 제한적인 지름 방향 변위의 제곱으로 지수적으로 증가한다 - 굉장히 빠른 변화. 이때 요구된 필요한 구경에 대해서는 다소 정확한 기준이 있다. 구경이 다소 너무 작으면 수명이 매우 짧게 되지만, 필요한 것보다 약간 클 경우 수명은 천문학적으로 커지게 되며 어떠한 결과가 있지 않을 것이다. "임계" 구경 제한은 다음에서 발생한다.

$$\frac{|x_{\max}|}{\beta_x} = 6\sigma_x \tag{5.129}$$

$\widehat{W}/\langle W\rangle \approx 18$을 주게되며 식 (5.120)으로부터,

$$\tau_q = \frac{\tau_x}{36} e^{18} \approx 1.5 \times 10^6 \tau_x \tag{5.130}$$

τ_x는 일반적으로 약 0.1초이므로 임계 구경은 약 1일의 양자 수명을 제공한다. 가스 산란과 같은 다른 영향들은 보통 수 시간의 수명을 제공하며 빔 채움 시간(운전 빔을 저장하는 시간)은 일반적으로 1시간 가량이므로 1일의 양자 수명은 매우 안전하다. 전체 구경은 적어도 지름 방향 분포의 표준 편차에 12배 이상이어야 한다는 경험법칙을 이해할 수 있다. 유사한 규칙이 명확히 수직 방향 구경에 대해서도 적용된다.

5.8 | 에너지 진동들로부터의 빔 수명

앞절에서 지름 방향 진동들의 진폭들에서 비정상적인 변동들로 인한 전자들의 손실을 살펴보았다. 저장된 빔에서 전자들의 손실은 에너지 진동들에서 비정상적인 변동들이 에너지 운동크기를 크게 가져와서 고주파 가속시스템에 의해 결정되는 에너지 구경 내에서 더 이상 존재할 수 없을 때 발생할 것이다.

3.6 절에서 에너지 진동들은 포텐셜 우물에서 이상적인 입자의 운동에 대응하며, 이러한 우물들의 하나는 제한된 높이의 포텐셜 언덕이다. 이 상황이 그림 3.8(b)에 보여져 있으며, 그것의 일부가 그림 5.7(a)에 다시 그려져 있다. 수평 방향 좌표는 에너지 진동들과 연관된 시간 변위 τ이며, 수직방향 좌표는 진동의 가상적인 포텐셜 에너지이다. 대응하는 운동 에너지는

$$\frac{1}{2}\left(\frac{d\tau}{dt}\right)^2 = \frac{\alpha^2}{2}\left(\frac{\epsilon}{E_o}\right)^2 \tag{5.131}$$

여기서 ϵ는 실제의 에너지 진동의 순간적인 에너지 편차이다.

H는 총 진동에너지를 나타낸다고 가정하자 - 즉, 포텐셜 에너지 및 식 (5.131)의 운동 에너지의 합이다.

$$H = \Phi(\tau) + \frac{\alpha^2}{2}\left(\frac{\epsilon}{E_o}\right)^2 \tag{5.132}$$

(Φ는 포텐셜 우물의 바닥에서 0이 된다) 어떤 특정한 전자의 진동동안에 τ의 최대에서 도달된 포텐셜 에너지는 H와 같다. 그리고 피크 운동 에너지는 - 전자가 τ=0을 통과하면서 발생하는 - 또한 H이다. 그러므로

$$H = \frac{\alpha^2}{2}\left(\frac{\hat{\epsilon}}{E_o}\right)^2 \tag{5.133}$$

여기서 $\hat{\epsilon}$는 진동 동안에 ϵ의 피크값이다. H가 포텐셜 우물의 최대 높이인 $\Phi_{\max}$보다 작다면 전자는 안정한 에너지 진동에서 포획된다. (3.6 절을 보아라.) 그렇치 않으면 전자는 손실된다.

5.2 절 및 5.3 절에서 이상적으로 선형적인 가정하에 양자-유도된 에너지 진동들을 살펴보았다 - 그것은 그림 5.7(a)에서 점선에 의해 가리킨 이상적인 포물선

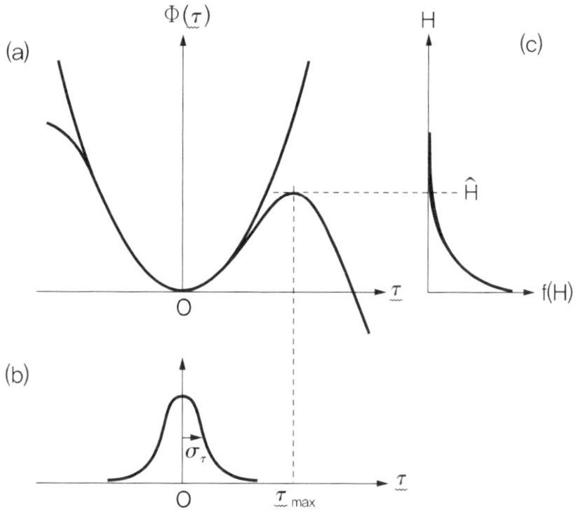

그림 5.7 에너지 진동들에서 양자 퍼짐

포텐셜 우물에 대응할 것이다. 이러한 가정들하에, 저장된 전자 번치에서 시간 변위들의 분포는 그림5.7(b)에서 그려진 가우션 함수로써 될 것이다 - 표준편차 σ_τ는 5.4 절에서 계산되었다.

에너지 변동들은, 식 (5.62)에서 묘사된 것처럼, 에너지 진동들의 진폭의 제곱에서 지수형 분포가 된다는 것을 보았다. 사용된 W는 단지 진폭의 제곱이며 (ε에서 진동의) 총 에너지 H에 비례한다. 사실상

$$H = \frac{\alpha^2}{2E_o^2} W \tag{5.134}$$

번치에서 저장된 전자들에 대한 H의 분포는 또한 지수형이 됨을 나타내준다. 특히, $f(H)dH$가 H와 $H+dH$사이의 총 진동에너지들을 갖는 전자들의 수를 나타낸다고 놓으면 식 (5.62)의 직접적인 해석은 다음을 준다.

$$f(H)dH = \frac{N}{<H>} exp(-H/<H>) \tag{5.135}$$

여기서

$$<H> = \frac{\alpha^2}{2E_o^2} <W> = \frac{\alpha^2}{2E_o^2} \sigma_\epsilon^2 \tag{5.136}$$

진동 에너지들의 분포는 그림 5.7(c)에 보여졌다.

실제 상황은 분명히 다름에 틀림없다. 시간 변위가 일단 포텐셜 언덕의 꼭대기에서

의 τ의 값인 τ_{max}를 초과는 전자는 - 혹은 동일하게 진동 에너지 H가 Φ_{max}를 초과하는 - 저장된 번치로부터 손실될 것이다. 지름 방향 진동들에 대해서는 앞절에서 본 것처럼, 실제의 분포들은 τ_{max}에서 0으로 떨어질 것이다 - 그리고 그러므로 $H=\widehat{H}=\Phi_{max}$. 그리고 거기에서 분포의 꼬리로부터 확산으로 인해 전자들의 연속적인 손실이 있을 것이다.

여기서의 상황은 앞절에서 논의 된 것과 비슷하다. 그것은 τ_{max}에서 갑자기 잘려진 포물선 포텐셜 우물에 대응할 것이다. 포텐셜 최대의 매끄러운 라운딩은 분포의 가장자리 근처에서 전자들의 분포의 성분에 좀 다른 영향을 줄 것이다. 하지만, $\tau_{max} \gg \sigma_{\tau}$ 조건에서, 전자들의 손실율은 두 상황들에 대해서 같은 방식으로 평가될 것으로 기대할 수 있다.

여기서 논의를 되풀이함이 없이, 에너지 진동들의 경우를 위해서는 식 (5.127)에 대응하는 결과를 쓸 수 있다.

$$\tau_q = \frac{\tau_{\epsilon}}{2}\frac{e^{\xi}}{\xi} \tag{5.137}$$

여기서

$$\xi = \frac{\widehat{H}}{< H >} = \frac{\Phi_{max}}{< H >} \tag{5.138}$$

포텐셜 최대의 높이 Φ_{max}는 식 (3.53)의 적분을 수행함으로써 계산될 수 있다 - 혹은 식 (3.58)로부터 정현적인 고주파 전압에 대해.

포텐셜 Φ_{max}는 에너지 진동들의 구경의 크기를 얻기 위하여 도입되었다. 그것은 최대 수용할 수 있는 에너지 편차 ϵ_{max}에 관련된다 - 식 (5.57)을 보아라 -

$$\Phi_{max} = \frac{\alpha^2}{2}\frac{\epsilon_{max}}{E_o} \tag{5.139}$$

그래서 ξ는 개념적으로 간단한 형태를 갖는다

$$\xi = \frac{\epsilon^{2_{max}}}{2\sigma_{\epsilon}^2} \tag{5.140}$$

포텐셜 Φ_{max} 그리고 ξ는 빔의 요구된 저장 시간보다 훨씬 큰 양자 수명을 주기 위하여 항상 충분히 커야하는 고주파 전압의 크기에 의존한다. 전형적으로 ξ는 $(\epsilon_{max}/\sigma_{\epsilon})$

가 6 가량임을 요구하고서, 적어도 18정도 만큼 큼에 틀림없다.

등자기장 및 정현적으로 변화하는 고주파 전압을 갖는 저장링의 특별한 경우에 대해서, 파라미터 ξ는 저장링 파라미터들의 견지에서 다소 간단히 표현 될 수 있다. $\epsilon_{\max}$ 및 σ_ϵ에 대해서 앞선 절들에서 얻어진 결과들을 함께 가져오고서, 다음을 보일 수 있다.

$$\xi = \frac{J_\epsilon E_o}{\alpha\, k\, E_1} F(q) \text{ (등자기장)} \tag{5.141}$$

여기서 E_1는 에너지 차원을 갖는 상수이다

$$E_1 = \frac{3mc\, C_q}{2r_e} = \frac{55\sqrt{3}}{64}\frac{\hbar c}{r_e} \approx 1.08 \times 10^8\, eV \tag{5.142}$$

$F(q)$는 식 (3.60)에서 정의된 에너지 구경 함수이며 그림 3.10에서 보여졌다. 파라미터 q는 고주파 과전압이다 - 매 회전당 잃은 에너지에 피크 고주파 전압의 비. 큰 과전압들에 대해 $F(q)$는 근사적으로 $(2q-\pi)$이며 양자 수명은 증가하는 고주파 전압과 함께 지수적으로 증가한다.

주어진 자기장을 갖는 저장링에서 (고정된 $\alpha, E_o, \tau_\epsilon, J_\epsilon$ 으로) 어떤 특정한 양자 수명에 (특정한 ξ에) 대해 요구된 과전압은 고주파 시스템에서 고조파수 k에 의존한다. 큰 고조파 수들에 대해서, 요구된 과전압은 근사적으로 $\sqrt{k}$로써 변화한다.

CHAPTER

06 고 에너지 저장링의 휘도

6.1 | 개 요

특정 에너지에서 충돌 빔 저장링의 고 에너지 물리학을 위한 도구로써의 유용성은 각 에너지에서의 휘도에 달려있다. 이 책의 단원 1에서 휘도에 대한 몇 가지 일반적인 표현들이 유도되었다. (1.5 절에서 1.8 절까지 보아라). 휘도는 빔이 저장되는 자기장의 특성과 충돌지점에서의 충돌 빔의 크기에 의존한다. 이 책의 후속 부분은 저장된 빔에서 전자들의 운동에 대한 분석을 위해 할애되었다. 이제 저장링의 설계 특성과 운전 조건들을 예상되는 휘도와 연관시키는 데 있어서 필요한 모든 정보를 가지고 있다. 고 에너지 저장링에서 기대될 수 있는 성능을 이해하기 위해 모든 구성 요소가 어떻게 함께 결합 될 수 있는지를 보이겠다.

저장링의 성능에 저장링의 일반적인 특성을 기술하는 위하여 사용될 수 있는 몇 가지의 파라미터 뿐만 아니라 얻을 수 있는 일반적인 결과들을 고려하는 것이 유용하다. 그러한 연습은 저장링 설계의 가장 주요한 양상을 밝히는 역할을 하며, 분명히 다른 설계들과의 비교를 허락할 것이다

이해하고 있는 것을 복습하자. 식 (1.17)에서 휘도는 다음과 같이 씌여졌다.

$$L = \frac{f}{4}\frac{N^2}{A_{int}} \tag{6.1}$$

여기서 N은 각 빔에 저장된 전자들의 수이고, f는 회전 주파수이며, A_{int}은 “유효 상

호 작용 면적이다. 이 영역은 식 (1.10)에서 다음과 같이 정의되었다.

$$A_{int} = \frac{\pi}{4} B w^*_{eff} h^*_{eff} \tag{6.2}$$

여기서 B 는 각 빔에서 상호 작용하는 번치수이고 w_{eff} 및 h_{eff}는 상호 작용 영역에서 번치들의 투영된 유효 폭 및 높이이다. 후자는 상호작용에서 빔의 횡 방향 밀도의 가우시간 분포들에 (실제로는 표준편차의 두배) 대하여 폭 w^*와 높이 h^*의 관점에서 이루진 식 (1.6)과 식 (1.8)로 정의 되었다. 또한 두 빔들의 궤적들 사이에서 번치길이 l와 1/2 충돌각 δ의 관점에서 정의되었다. 특히, 두 빔들이 설계 궤도 사이에서 반각 δ_H으로 수평 방향면에서 교차한다면

$$\begin{aligned} w^*_{eff} &= (w^{*2} + l^2 \delta_H^2)^{1/2} \\ h^*_{eff} &= h^* \end{aligned} \tag{6.3}$$

또는 빔이 설계 궤도 사이에서 반각도 δ_V로 수직평면에서 교차한다면

$$\begin{aligned} w^*_{eff} &= w^* \\ h^*_{eff} &= (h^{*2} + l^2 \delta_V^2)^{1/2} \end{aligned} \tag{6.4}$$

빔 폭과 높이는 5.5 절과 5.6 절에서 평가된 “자연적”인 값 (커플링 유무에와 함께)으로 취할 수 있다. 혹은 이러한 것들은 횡 방향 구경에 의해 허용된 어떤 크기로 인위적으로 증가 될 수 있다.

번치 길이 l은 5.4 절의 결과들로부터 얻을 수 있다. 번치 길이는 다른 것들 중에서도 고주파 가속 전압의 특성에 달려 있다. 그러나 고주파 시스템은 5.8절 에서 설명한 것처럼 저장된 빔의 적절한 수명을 보장하는 고주파 전압으로 작동되어야함을 기억해야한다.

빔에 대해 계산 된 크기들은 저장된 빔의 휘도가 너무 크지 않은 경우에만 단지 올바르게 될것이다. 그렇지 않으면 두 개의 빔들의 교차점에서 생성된 거시적 필드들이 빔 크기들의 증가를 야기시키는 빔 궤적들을 교란 할 것이며 휘도를 낮추게 될것이다. 빔 크기와 자기장의 특성에 따라 달라지는 빔 휘도의 한계는 1.6 절에서 설명되었으며 2.12 절에서 더 자세히 고려되었다. 여기서 논의를 간단히 하기위해, 빔 휘도의 한계는 수직방향의 “튠 변이”에 의해 설정된다는 것을 계속 가정할 것이다. 그때, 위에서 주어

진 규정들은 각 빔에서 저장된 입자들의 수가 다음 식으로 설정된 한계를 초과하지 않는 한 휘도를 얻는데 사용될 수 있다.

$$\frac{N}{A_{int}} \leq D_C = \frac{2\Delta\nu_0 E_0}{r_e mc^2 \beta_V} \tag{6.6}$$

여기서 $\Delta\nu_0$는 상수 (정확히 0.025가 되도록 할 것이다)이고, E_0는 저장된 빔의 기준 에너지이며, β_V는 교차점에서 계산된 2.6 절의 베타트론 함수의 값이다. 마지막 관계는 주어진 설계 특성들의 저장링에 의해 얻을 수 있는 휘도에 대한 기본적인 상한선을 설정한다.

얻어진 결과들을 이상화된 모델 저장링에 적용함으로써 이 교과서를 완성하고자 한다. 결과들 중 일부는 모델의 많은 세부 사항과는 무관할 것이다. 모델의 특정한 가정들에 의존하는 것들은 다른 구성들에 쉽게 적용될 수 있다.

6.2 | 모델 저장링

모델 저장링으로써 설계 궤도가 2개의 "특별히" 긴 직선 구간과 결합된 2개의 반원형 "정규" 구간들을 구성하는 레이스 트랙 형태에서 있는 것을 취할 수 있다. 그림 6.1를 보아라.

자기장의 정규 반원형 구간들은 이극자석들과 사극자석들의 주기적인 배열들로 구성되는 것으로 가정한다 - 전형적으로 잘 설계된 원형 저장링과 같은. 이러한 정규 구간들

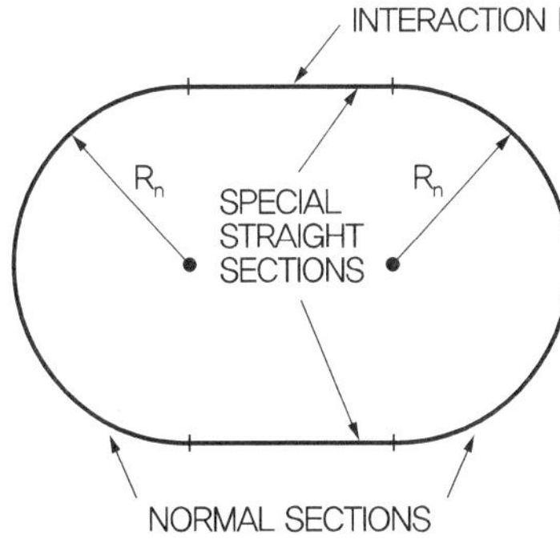

그림 6.1 모델 저장링에서의 설계 궤도

은 베타트론 함수의 전형적인 값 β_n에 의한 평균 반경 R_n (2π로 나눈 정규 구간들의 총 길이로써 정의된)에 의해 기술될 수 있다 (2.8 절을 보아라). 지름 방향 및 수직방향 진동들 모두가 β의 어떤 전형적인 값 $\beta_X \approx \beta_Z \approx \beta_n$,를 갖는 것으로 놓을 수 있다. 비율 R_n/β_n을 정규 구간들의 베타트론 수인 ν_n으로 쓰는 것이 편리 할 것이다. ν_n은 정상 구간들의 베타트론 수이다 - 특별히 긴 직선구간 또한 없다면 갖는 베타트론 수와 같다.

분석은 자기장이 분리된 함수와 등자기 모두에서 기인한다고 가정함으로써 간단히 유지된다 (2.2 절을 보아라). 곡률 반경 ρ_0에 R_n의 비율은 λ_n으로 불리운다. 이는 일반적으로 3에 가까운 값을 가진다.

가정하고 있는 길고 특별한 직선 구간들은 적어도 근사적으로 다음의 특징들을 가지고 있다. 이러한 것들은 이상적인 "단위 삽입물" (2.13절을 보아라)이어서 저장링의 정규 구간들에서 빔 거동은 긴 직선 구간이 존재하지 않고 직선 구간들의 각각이 베타트론 진동 위상에 2π를 기여한다면 본질적으로 같게 될 것이다. 직선 구간의 중심은 빔 충돌 점이 되는 것으로 설계되었다. 이 점에서 수직 베타트론 함수 β_z는 값 β_V를 취하고 수평 베타트론 함수 β_x는 값 β_H를 취한다. 충돌 점 근처의 β_z와 β_x의 변화는 무시 될 것이다.

완전한 자기장은 $2\pi R_n$와 두 개의 긴 직선 구간들의 길이의 항인 설계 궤도의 총 길이 L을 갖을 것이다. 그리고 전자들의 기준 회전 주파수 f(역주기) 는 c/L이 될 것이다.

전체 저장링 구성은 2개의 이상화된 자기장들로 구성된 것으로 가정되어서 두 개의 분리된 저장된 빔들이 각각의 긴 직선 구간들의 중심들에서 충돌 할 것이다. 하지만 그 외에는 완전히 독립적이 될 것이다. 두 개의 빔 궤도의 충돌은 교차각 δ_H를 갖고 수평면에서 발생된다고 가정될 것이다. 게다가, δ_H는 항상 충분히 커서 $l\delta_H$항이 식 (6.3)에 w^* 항을 지배한다. (이상적인 저장링의 구성에 의해 나타날 수 있는 위상적인 문제는 무시한다)

모델 저장링은 피크값 $\hat{V}$이 조정가능하고 진동 주파수가 회전 주파수보다 k배 더 큰 정현적인 가속 전압을 제공하는 간단한 고주파 시스템으로 구성되는 것으로 가정한다. 고조파 k 는 물론 정수이다. 또한 시스템은 두 개의 저장된 빔 각각에 대해 최대 P_0까지 빔을 저장하는 데 필요한 모든 파워를 공급할 수 있다고 가정될 것이다. 고 에너지링에서 일반적으로 고주파 공동 시스템에서 손실들은 유용한 총 파워의 일부분이다. 그러므로 P_0는 사용 된 실제의 고주파 전압과 저장된 전자의 에너지와는 무관하다고 가정할 것이다.

이상적인 저장링들의 휘도는 저장링의 물리적 특성들을 설명하기 위해 여기에서 선정한 파라미터들의 관점에서 오히려 간단하게 표현 될 수 있음을 알게 될 것이다. 나중에 참조를 위해 이러한 파라미터들이 표 6.1에 나열되어 있다.

표 6.1 모델 저장링의 파라미터들

β_n	정규 구간들에서 베타트론 함수들의 전형적인 값
R_n	정규 구간들에서 평균 반경
$\nu_n = R_n/\beta_n$	정규 구간들에서 베타트론 수
ρ_n	자석들에서 곡률 반경
λ_n	정규 구간들에서 신장 인자
L	총 궤도 길이
$f = c/L$	전자 회전 주파수
P_0	각 빔에 유용한 최대 고주파 파워
β_V β_H	빔 충돌점에서 수직 및 수평 방향 베타트론 함수들
δ_H	충돌점에서 빔 라인간의 각도의 절반

6.3 | 고 에너지 휘도

빔에 저장할 수 있는 전자들의 최대 개수 $N_{\max}$는 각 저장된 빔을 가속하는 데 사용할 수 있는 최대 고주파 전력 P_0로 설정된다. 저장된 빔에서 각 전자는 식 (4.9)에 주어진 비율로 에너지를 방출하므로 $N_{\max}$는 다음과 같이 P_0와 관련된다.

$$N_{\max} = \frac{3(mc^2)^2}{4\pi r_e C}\frac{\rho_0 L P_0}{E_0^4} \tag{6.7}$$

최대 축적 빔 강도는 에너지의 4승으로 감소한다.

저장링의 고에너지 영역을 저장된 빔의 강도가 유용한 파워에 의해서만 제한되는 에너지의 범위로 정의 할 것이다, 따라서 식 (6.7)에 의해 결정되며. - 유효 상호작용 영역 A_{int}은 다음식으로 정의 된 값 A_c로 항상 조정될 수 있다.

$$A_C = N_{\max}/D_C \tag{6.8}$$

여기서 D_C는 식 (6.6)에서 정의된 임계 횡 방향 밀도이다. 이 고에너지 영역은 1.7 절의 "경우 2"에 해당하므로 이 영역에서 최적의 휘도는 식 (1.22)에 의해 주어진다. 이 영역에 대한 기호를 유지하고서 다음 식을 갖게된다.

$$L_2 = \frac{f}{4} D_C N_{\max} = c_2 \frac{R_n P_0}{\lambda_n \beta_V E_0^3} \tag{6.9}$$

여기서, L은 c/f로 대체되며, ρ_0는 R_n/λ_n로 대체된다. 물리적 상수는

$$c_2 = \frac{3}{8\pi} \frac{(mc^2)^2 \Delta \nu_0}{r_e^2} \tag{6.10}$$

이다. 편리한 단위에서, $c_2 = 6.125 \times 10^{29} (GeV)^3 - meter^{-2} - watt^{-1} - \sec^{-1}$이다.

상대적으로 자유가 없는 파라미터 λ_n (일반적으로 약 3)을 제외하고는 고에너지 영역에서 각 에너지 E_0의 최적의 휘도는 교차점에서 링의 기하학적 스케일 R_n, 유용한 고주파 파워 P_0 및 베타트론 함수 β_V에 의존한다. 이 영역에서 휘도는 운전 에너지 E_0의 세제곱으로써 감소한다. 그리고 그것은 β_V에 반비례한다.

링 모델에서 특별한 긴 직선 구간은 충돌 영역의 관찰을 위해 적절한 자석이 없는 공간을 도입해야 하는데 이는 그 영역에서 가능한 가장 낮은 값인 β_V를 제공하기 위함이다. 저 베타 삽입을 위한 설계의 예술적 측면을 나타내려는 시도는 없었지만 저 베타 삽입의 일반적인 특성은 2.13 절에서 논의되었다. 실제적인 검토는 5 미터 정도의 자유 공간이 제공 되더라도 약 5 cm 보다 작은 베타값을 실현할 수 없는 현실적인 고려 사항만이 있다. (또한, β_z는 빔 교차 영역을 따라서 큰 인자로 달라지므로 저장된 빔에서 번치들이 5 cm 만큼 길거나 - 작동 주파수의 편리한 선택에 대해 일반적인 - β_V의 훨씬 작은 값들은 유용하지 않을 것이다 (2.13 절을 보아라))

강도 한계를 설정하는 것은 수직 튠 변이라고 가정했기 때문에 (β_H와는 반대로) β_V가 나타난다는 것을 기억해야한다. 2.12 절의 결과들로부터 식 (6.6)의 강도 한계는 w_{eff}가 h_{eff}보다 상당히 크다면 정확하다. $w_{eff} \approx h_{eff}$ 라면, 우리의 관계는 약간의 수

정을 필요로 한다. $w_{eff} \ll h_{eff}$ 라면 수평 튠 변이가 지배적이며 β_V는 이 절의 모든 수식에서 β_H로 대체되어야 할 것 이다.

식 (6.8) 결과의 가장 중요한 양상은 아마도 고에너지 영역에서 최적의 휘도가 교차 영역에서의 빔 크기나 교차각에 명확히 의존하지 않는다는 사실이다. 고에너지 저장링들의 모든 구성이 고에너지 영역에서 동등하다고 말할 수 있다. 다른 구성들의 링들이 비슷한 R_n, P_0 및 β_V, (또는 β_H) 를 갖는다면, 최적의 휘도는 모두 고에너지 영역에서 비교 가능할 것이다. 그리고, 우리가 보았듯이, 이 휘도는 증가하는 운전 에너지에 따라서 E_0^{-3}으로 감소 할 것이다.

전자 저장링들의 이러한 거동은 다소 불행한 일이다. 어떤 특정 고에너지 전자 - 양전자 상호 작용의 단면적은 적어도 E^{-2}만큼 급속히 에너지에 함께 감소 할 가능성이 있다. 따라서 주어진 종류의 상호 작용의 관측 된 비율은 실제로 급속히 에너지에 대한 하향 의존성을 가질 것이다.

저장링의 고에너지 영역이 제한된 에너지 구간으로 확장될 것으로 기대해야 한다 - 즉, 저장된 전류가 식 (6.7)에 따라 유용한 P_0 파워에 의해 결정되며 빔 영역은 식 (6.8)을 만족하도록 조정될 수 있는 에너지로 확정. 식 (6.8)을 저장링 파라미터의 관점에서 - $N_{\max}$에 대해서는 식 (6.7)을, D_c에 대해서는 식 (6.6)를 사용함으로써 - A_c는 다음과 같이 주어진다.

$$A_c = \frac{3}{8\pi}\frac{(mc^2)^3}{c\triangle\nu_0}\frac{\rho_0 L P_0 \beta_V}{E_0^5} \tag{6.11}$$

P_0, L, ρ_0, β_V를 갖는 특정한 저장링에 대해서 최적의 광도가 각 에너지에서 얻어져야 한다면 빔 영역은 에너지의 5승으로써 변해야 한다. 고에너지 영역의 경계들은 식 (6.11)을 만족하는 것이 더 이상 가능하지 않을때 얻어진다.

주어진 저장링에 대해 도달 가능한 최소 빔 영역이 식 (6.11)의 임계 영역보다 클 때 영역의 상한 경계가 얻어질것이다. (이 상황은 자기장의 최대 에너지 성능에 도달하기 전에 또는 발생할 수 또는 발생하지 않을 수 있다.) 주어진 저장링에 대해 얻을 수 있는 최소 유효 상호 작용 면적은 일반적으로 빔 에너지에 따라 달라질 것이다. 이 영역을 $A_{\min}(E_0)$라고 부르자. 그때, 고에너지 영역의 상한은 다음 방정식이 만족되는 에너지 E_L에서 발생할 것이다 (L은 "한계"를 나타낸다) 그리고 $A_c(E_0)$는 식 (6.11)에 의해 정의된 함수이다.

$$A_{\min}(E_L) = A_c(E_L) \tag{6.12}$$

에너지 E_L 위에서는 초 고에너지 영역이라고 부를 수 있는 새로운 영역이 있다. 이 영역의 휘도를 L_3라 하자. 이것은 N을 식 (6.7)의 $N_{\max}$으로써 취하고 A_{int}을 $A_{\min}(E_o)$과 같도록 취한 식 (6.1)으로 부터 얻어 질 것이다.

$$L_3 = \frac{9}{64\pi}\frac{(mc^2)^4}{r_e^2 c}\frac{L\rho_0^2 P_0^2}{E_0^8 A_{\min}(E_0)} \tag{6.13}$$

일반적으로 $A_{\min}(E_0)$는 E_0또는 E_0^2로 변하므로 초 고에너지 영역에서 휘도는 E_0^{-9} 또는 E_0^{-10}로써 에너지와 함께 감소될 것이다. 저장링은 아마도 이 에너지 범위에 매우 유용하지는 않을 것임이 분명하다. 사실, 잘 설계된 저장링이 원하는 최대 운전 에너지에서 혹은 그 이상에서 에너지 E_L을 가질 것으로 기대해야 한다.

고 에너지 영역의 하한은 상호작용 영역이 식 (6.11)에 의해 요구된 임계 영역만큼 크게 만드는 것이 더 이상 가능하지 않는 에너지에서 발견 될 것이다. 유용한 최대 상호작용 면적은 자기장의 구경과 상호작용 면적의 기하에 의해 설정된 수가 될 수 있으며 혹은 빔의 에너지에 의존할 수 있다. 도달 가능한 최대 영역을 어떤 함수 $A_{\max}(E_0)$라 하자. 고에너지 영역의 하한은 전이 에너지라 부를 수 있는 에너지 E_T에서 발생할 것이다.

$$A_{\max}(E_T) = A_C(E_T) \tag{6.14}$$

여기서 $A_{\max}(E_0)$은 식 (6.11)에 의해 정의된 함수이다.

전이 에너지 아래에서 휘도는 더 이상 식 (6.9)을 따르지 않을 것이며 새로운 영역이 떠 맡게되며 이에 대해서는 다음 절에서 논의 한다.

6.4 | 저 에너지 휘도

전이 에너지인 E_T 이하의 에너지에서 작동되는 저장링은 낮은 에너지 영역에 있다고 말할 수 있다. 이 에너지 E_T는 몇 가지 기술적 이유로 유효 상호 작용 면적을 식

(6.8)에 의해 요구된 크기로 증가하는 것이 가능하지 않는 에너지로써 정의되었다. 저에너지 영역에서 빔 전류는 식 (6.6)의 빔 밀도 한계가 초과하지 않는 다면 유용한 고주파 파워 P_0에 의해 유지될 수 있는 수준 이하로 유지되어야 한다. 최적의 휘도는 식 (2.6)의 유효 상호작용 면적 A_{int}이 각 에너지에서 최대로 가능한 값, 즉 앞 절에서 정의된 $A_{\max}(E_0)$값으로 조정될 수 있다면 이 영역에서 얻어질 것이다 그리고 이 빔 전류값은

$$N_C = D_C A_{\max} \tag{6.15}$$

와 같이 값 N_C로 조정되어진 이 상황은 1.7 절에서 고려된 경우 1에 해당하며, 이 영역의 휘도는 식 (1.20)에 의해 주어진 $\mathcal{L}_1$이다.

$$\mathcal{L}_1 = \frac{f}{4} D_C^2 A_{\max} \tag{6.16}$$

일반적으로 D_C와 $A_{\max}$는 모두 에너지의 함수가 됨을 기억해야 한다.

유효 상호작용 영역은 충돌점의 저장된 빔 폭, 높이 및 길이, 빔에 저장된 번치 수 및 빔 교차 각의 관점에서 식 (6.2) 및 식 (6.3) 또는 식 (6.4)로 정의되었다. 이런 모든 양이 가능한 크게 만들어 질때 최대 상호 작용 영역이 얻어진다. 이제 무엇이 이런 한계를 결정하는가를 살펴보자.

첫째, 충돌 각도의 도입은 항상 유효 상호 작용 영역을 증가시키는 것이 분명하다. 충돌 각도는 최근 SLAC 설계처럼 큰 각도로 고정될 수 있다. 혹은 Frascati 및 DESY 설계처럼 조정 가능하다. 어쨌든 저장링 설계의 기하학에 의해 설정된 상한이 존재할 것이다. 각도가 조절 가능하다면, 각도가 최대에 있는 고에너지 및 저에너지 영역 사이에 전이가 아마 발생할 것이다. 그러므로, 충돌각도를 저에너지 영역에서 최대값으로 고정되도록 할 수 있다. 최대 각도는 다양한 이유로 아마 0.1 이하인 수로 제한된다. 그것보다 더 크지 않는 한, 여기서 만든 근사들은 (각도가 1보다 훨씬 작다고 가정)은 여전히 유효하다.

수식을 단순히 하기 위해 항 $\ell\delta_H$가 식 (6.4)에서 w^*보다 큰 관점에서 충돌각은 '크다'라고 가정할 것이다. (모델링에서 수평 교차각을 적용한 것을 기억해라) 그때 식 (6.2)의 유효 상호 작용 영역은

$$A_{int} = \frac{\pi}{4} B \ell \delta_H h^* \tag{6.17}$$

이 되며, 이것은 가능한 큰 값으로써 되기를 바라는 양이다.

다음으로, 번치의 수 B가 커야한다는 것은 분명하다. 고주파 전압은 고조파수 k와 주기적이므로, 저장될 수 있는 번치의 최대 수 또한 k이다. 번치로 모두 채워져 있을 때는 $B=k$ 이다. k가 가능한 커야 한다는 것이 얼른 나타날 것이다. 충돌각 δ_H가 0이면 이것은 사실이 될것이다. 그러나 큰 교차각인 경우, Bl이 나타나며 ℓ은 k가 증가함에 따라 감소하는 것으로 기대해야한다. $B\ell$의 최대 가능한 값은 k가 너무 작지 않는 한 k와 거의 무관하는 것은 보여질 수 있다. 이 사실에 관한 증명은 좀 장황 하기 때문에 다음 절로 미루고 예전에 얻은 결과를 여기서 사용하겠다. 좋은 근사화로, 너무 작지 않은 k에 대해서, 최대 번치 길이는 즉 조화 수 k에 궤도길이 L의 비율인 번치 사이 최소 간격의 $1/3\pi$ 이다. 즉,

$$\ell_{\max} = \frac{L}{3\pi k} \tag{6.18}$$

그리고 다음과 같은 간단한 결과를 갖는다.

$$(B\ell)_{\max} = k\ell_{\max} = L/3\pi \tag{6.19}$$

식 (6.17)에서 $B\ell$의 최대값은 단지 저장링의 크기에 비례하는 숫자이다.

유효 상호 작용 영역에 나타나는 유일한 나머지 요소는 충돌 지점에서의 빔 높이 h^*이다. 단원 5에서 빔의 최소 횡방향 면적은 지름 방향 진동들의 고유 양자 여기와 수직 및 수평 진동의 결합에 의해 결정되는 것을 보았다. 원리적으로 특별히 적용된 외부 전자기력들로 베타트론 진동을 여기함으로써 빔의 크기를 최소 크기 이상으로 증가 시키는 것이 가능해야한다. 사실 이것은 존재하는 저장링들에서 수행되어 왔다. 그러나 이러한 인위적인 빔 크기 확대는 최대 휘도를 증가시키지 않는 것이 또한 발견되었다.

빔 크기 확대에 사용되는 기술들은 또한 어떤 집단적 횡 방향 진동들을 생성하는 것이 보여질 수 있다. 이러한 집단적 진동들은 두 빔들이 충돌할 때 허용될 수 있는 전류 밀도에서 감소를 가져온다. 그러나 모든 존재하는 링들에서 두 빔들은 같은 자기장에 저장되므로 동일한 베타트론 주파수를 갖는 것이 관측되어야 한다. 미래의 저장링들에서 배열될 수 있지만, 빔들이 다른 베타트론 주파수를 갖는다면, 두 빔 들 사이의 커플링이 크게 감소 될 것으로 기대할 수 있다. 그때 횡 방향 크기들의 인위적인 확대에 의해 미래의 저장링에서 증가된 광도를 얻는 것이 가능할 수 있다. 그러나 이 가능성은

아직 상세히 연구되지 않았으므로 식 (6.6)의 전류 밀도 한계가 빔내에서 베타트론 진동들이 양자 변동에 의해 생성된 빔의 베타트론 진동이 생성 된 완전히 비 간섭성 고유 진동인 빔들에만 경우에만 적용되어야 한다는 다소 비관적인 가정을 만들 것이다.

단지 고유 양자-유도 진동만을 사용해서 얻을 수 있는 최대 빔 높이가 무엇인지 질문해야한다. 이 질문은 5.6 절에서 고려되었다. $h = 2\sigma_z$ 임을 기억하고서, 식 (5.115)로부터 다음 식을 얻는다.

$$h_{\max}^{*2} = \frac{55}{64\sqrt{3}} \frac{\hbar c}{(mc^2)^3} \frac{\alpha R_n \beta_V E_0^3}{\rho_0 \nu_n} \tag{6.20}$$

현 목적을 위해, $\alpha = 1/\nu_x^2 = 1/\nu_n^2$ 인 근사화를 사용할 수 있다 - 식 (3.22)를 보아라. 또 R_n/ρ_0에 대해 λ_n을 쓰고서

$$h_{\max}^{*2} = \frac{55}{16\sqrt{3}} \frac{\hbar c}{(mc^2)^3} \frac{\lambda_n \beta_V E_0^2}{\nu_n^3} \tag{6.21}$$

을 갖는다. 최대 가능한 빔 높이는 빔 에너지 E_0에 직접적으로 변한다. (물론 링전체의 구경이 가정해온 최대 커플링으로 빔폭과 빔높이를 수용할 만큼 충분히 크다는 가정을 하고 있다.)

이제 식 (6.17)의 상호 작용 면적의 최대값을 계산하는 데 필요한 모든 정보를 가지고 있다. 즉,

$$A_{\max} = \frac{\pi}{4} (B\ell)_{\max} \delta_H h_{\max}^{*} \tag{6.22}$$

여기서 $(B\ell)_{\max}$는 식 (6.21)에서 $h_{\max}^{*}$는 식 (6.21)에 의해 주어진다. 이런 것들을 같이 놓고서,

$$A_{\max} = c_A \frac{\lambda_n L \beta_V^{1/2} \delta_H E_0}{\nu_n^{3/2}} \tag{6.23}$$

$$c_A = \frac{1}{48mc^2} \left(\frac{55}{\sqrt{3}} \frac{\hbar c}{mc^2}\right)^{1/2} \tag{6.24}$$

$A_{\max}$에 대해 이런 표현으로 ($L = c/f$ 임을 기억해라) 식 (6.16)의 저에너지 휘도는 다음과 같이 된다.

$$\mathcal{L}_1 = c_1 \frac{\lambda_n^{1/2} \delta_H E_0^3}{(\nu_n \beta_V)^{3/2}} \tag{6.25}$$

$$c_1 = \frac{c\Delta\nu_0^2}{48 r_e^2 (mc^2)^3} \frac{55}{\sqrt{3}} \frac{\hbar c}{mc^2}^{1/2} \tag{6.26}$$

편리한 단위로, $c_1 = 1.29 \times 10^{37} (Gev)^{-3} - meter^{-1/2} - \sec^{-1}$

저에너지 영역에서 최적의 휘도는 운전 에너지의 3승으로 변한다는 것을 알게된다. 게다가 그것은 충돌각 δ_H에 선형적으로 변하며 빔 교차점에서 베타트론 함수의 3/2승에 역비례한다.

휘도가 식 (6.25)를 따르는 저에너지 영역은 에너지 E_T 로부터 아래로 확장된다. (에너지 E_T 이상에서는 상호 작용 영역을 부합할 충분한 전류가 더 이상 존재하지 않는다.) 이 영역의 더 낮은 에너지 경계는 결정하기 힘들다. 그것은 어떤 이유로든 저장 전류를 식 (6.15)로 정의된 임계값 이하로 제한하는 것이 필요 할 때 발생할 것이다. 전류 제한은 여기에서 고려되지 않은 어떤 빔 불안정성 발생의 시작에 의해 설정 될 수 있다. 또 가장 유리한 상황에서 전류는 Touschek 영향으로 부터 빔 손실로 인해 단지 낮은 에너지에서만 제한될 것이다 - 1.3절을 보아라.

6.5 | 최대 번치 길이

앞절에서 저에너지 휘도는 일반적으로 번치 길이 ℓ에 비례할 것임을 보았다. 그러므로 ℓ이 저에너지 영역에서 가능한 크게 되는 것이 바람직하다. 저장된 번치의 길이는 5.4절에서 논의 되었으며, $2c\sigma_T$ 됨을 보았으며 여기서 σ_T는 시간 퍼짐도이다. σ_T에 대해 식 (5.66) 사용해서

$$\ell^2 = \frac{4c^2 C_q}{(mc^2)^2} \frac{\alpha L}{J_\epsilon \rho_0} \frac{E_0^3}{e\dot{V}_0} \tag{6.27}$$

번치 길이는 주어진 저장링에 대해 고정될 수 있는 여러가지의 링 파라미터 α, J, $J_{E,} \rho_0$와 조정 가능한 운전 에너지 E_0 및 조정 가능한 고주파 전압의 기울기 $\dot{V}_0$에 관련되어진다. 여기서 고주파 전압은 정현파로 가정하고 있으며 늘 실제적인 이유들로 그

러하다. 전압이 정현파가 아닌 경우 결과의 정량적인 특성들은 아마도 변경되지 않을지라도, 결론들은 다소 수정 될 것이다.

정현적인 고주파 전압에 대해, $\dot{V}_0$는 피크 전압 $\hat{V}$과 함께 변하며, $\hat{V}$가 가능한 작을 때 번치 길이는 가장 길어질 것이다. 그러나 5.8 절에서 보았듯이, 고주파 전압은 또한 에너지 변동들로 인해 빔 수명을 결정한다. 고주파 전압이 허용 가능한 빔 수명으로 가능한 낮게 설정 될 때 최대 번치 길이가 얻어질 수 있다고 얘기 할 수 있다.

전압 기울기 $\dot{V}_0$는 식 (3.39)의 $\hat{V}$로 관점에서 씌어져왔다. $\hat{V}$ 대신에 3.6 절에서 유용한 매개 변수인 "과전압" $q = \hat{V}/U_0$를 사용하는 것이 편리할 것이다. q의 관점에서 식 (3.39)는 다음과 같이 된다.

$$\dot{V} = \omega_{rf} U_0 (q^2 - 1)^{1/2} \tag{6.28}$$

이제 ω_{rf}을 동일하게 $2\pi ck/L$로 대체하자. 여기서 L은 궤도 길이이고 k는 시스템의 고조파 수이며, U_0을 식 (4.8)에 있는 표현으로 대체한다. 그때

$$\dot{V} = 2\pi c\, C_\gamma \frac{k E_0^4}{\rho_0 L} (q^2 - 1)^{1/2} \tag{6.29}$$

식 (6.29)의 표현을 사용하고 C_q와 C_γ을 상수 식 (5.140)에서 정의된 상수 E_1의 관점에서 표시하면, 번치 길이에 대한 다음식을 얻는다.

$$\ell^2 = \frac{c^2 E_1}{\pi^2} \frac{\alpha L^2}{k J_\epsilon E_0} \frac{1}{(q^2 - 1)^{1/2}} \tag{6.30}$$

이제 $J_C E_0/\alpha E_1$의 조합이 양자 수명 분석에 나타난 매개변수 ξ에도 또한 포함됨을 주목해라. 식 (5.141)을 보아라. 그래서, 번치 길이는 ξ및 과전압 q의 관점에서 표현될 수 있다. 식 (5.141)을 사용하여

$$\ell^2 = \left(\frac{L}{\pi k}\right)^2 \frac{F(q)}{\xi (q^2 - 1)^{1/2}} \tag{6.31}$$

여기서 $F(q)$는 식 (3.61)의 에너지 구경 함수이다. ℓ^2에 대한 이 표현의 전체 q 의존성은 다음과 같다.

$$\frac{F(q)}{(q^2-1)^{1/2}} = 2 - \frac{\cos^{-1}(1/q)}{(q^2-1)^{1/2}} \tag{6.32}$$

고 에너지링의 경우 q는 원하는 양자 수명을 얻기 위해 고조파 수가 합리적으로 큰, 즉 20보다 크다고 가정하면, 일반적으로 3 또는 그 이상으로 높을 것이다. q가 1보다 훨씬 큰 경우 우변의 두 번째 항은 $2/q(q+1)^{1/2}$에 의해 근사되며, 이는 또한 1보다 상당히 작을 것이다. 이 항을 무시한다면 큰 에러를 만들지 않을 것이다. 그리고 식 (6.31)에 대해서는 다음을 얻게된다.

$$\ell^2 \approx (\frac{L}{\pi k})^2 \frac{2}{\xi} \tag{6.33}$$

이때, L, k 및 수명 매개변수 ξ에만 의존하는 L에 대한 표현식을 얻는다.

5.8절에서 빔 수명은 고주파 전압의 매우 가파른 함수임을 보았다. 그러므로 번치 길이는 "수용 가능한" 수명의 정확한 정의에 매우 민감하지 않을 것이다. 그러므로 에너지 진동으로부터 양자 수명 τ_q는 에너지 감쇠 시상수 τ_ϵ의 어떤 큰 고정 배수가 될 것이라는 간단한 기준을 만들 수 있다. τ_ϵ은 일반적으로 0.01~0.1초 이므로, 약 10^6 배 큰 빔 수명을 아마 받아들일 수 있을 것이다.

식 (5.135)에서 τ_ϵ의 τ_q에 비율이 매개변수 ξ 견지에서 표현되었다.

$$\frac{\tau_q}{\tau_\epsilon} = \frac{e^\xi}{2\xi} \tag{6.34}$$

$\tau_q/\tau_\epsilon = 10^6$을 주는 ξ의 값을 ξ_0로 명명하자 ; 그때 ξ_0에 대한 초월 방정식을 풀고서 ξ_0 =18이 됨을 알게된다.

이 값을 식 (6.33)의 ξ에 대해 사용하면 최대 번치 길이를 얻는다.

$$\ell_{\max} \approx \frac{L}{3\pi k} \tag{6.35}$$

이는 앞 절에서 채택한 표현이다. 번치 길이가 최대일때, 번치가 점유한 총 둘레 , $k\ell_{\max}$,는 항상 저장링 원주의 일정한 부분, 즉 대략 $1/3\pi$ 또는 10 %라는 흥미로운 결과를 가지게 된다.

6.6 | 최적 휘도 함수

저장링의 설계 특성을 설명하는 6개의 매개변수 (고정 숫자로 가정된) 관점에서 운전 에너지 E_0(조절 가능하다고 가정된)에서 특정 저장링의 최적 휘도를 계산하도록 선정해왔다. 이 매개 변수는 표 6.1에 설명된 $R_n, \nu_n, \lambda_n, \beta_V, \delta_H$ 및 P_0 이다. 이 6개의 매개변수들은 저장링을 설계하는데 상대적으로 독립적으로 선정될 수 있다. 그러나 링의 물리적 특성에 대한 외부 고려사항을 고려한다면 그들은 상호 의존적이 된다. 특히 어떤 경제적 최적화는 그들 모두 사이에서 관계들을 제공 할 것이다. 예를 들어 R_n을 늘리면 특정 구성 요소에 더 많은 비용이 발생하지만 이는 고에너지 휘도가 전반적으로 증가하면서 P_0를 줄임으로 보상 될 수 있다. 오히려 일반적으로 유효한 휘도 관계들에서 변수 의존의 몇 가지에 관한 중요성을 언급할 것이다.

저 에너지 영역에서 얻을 수 있는 최대 휘도는 식 (6.25)로 주어지며 고 에너지 영역에서는 식 (6.9)로 주어진다.

$$\mathcal{L}_1 = c_1 \frac{\lambda^{1/2} \delta_H E_0^3}{(\nu_n \beta_V)^{3/2}} \quad \text{(저 에너지)}$$

$$\mathcal{L}_2 = c_2 \frac{P_0 R_n}{\lambda_n^{1/2} \beta_V E_0^3} \quad \text{(고 에너지)}$$

완전한 최적의 휘도 함수는 그림 6.2에 그려진 형태를 갖는다.

두 에너지 영역들 사이에서의 전이는 두 함수들 $\mathcal{L}_1$와 $\mathcal{L}_2$가 같은 에너지 에너지

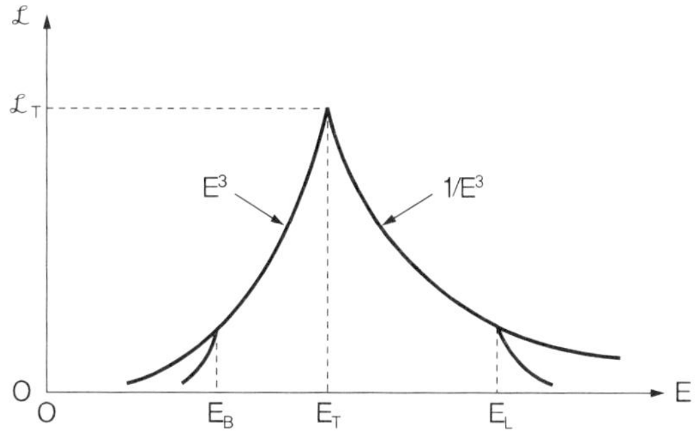

그림 6.2 최적의 휘도 함수

E_T에서 분명히 일어난다. 이 에너지에 대해서 풀고서

$$E_1 = C_T(\frac{\nu_n}{\lambda_n})^{1/4}(\frac{P_0 R_n}{\delta_H})^{1/6}\beta_V^{1/12} \tag{6.36}$$

와

$$C_T = (\frac{18}{\pi}\frac{(mc^2)^5}{c\Delta\nu_0})^{1/6}(\frac{\sqrt{3}}{55}\frac{mc^2}{\hbar c})^{1/12}$$

또는

$$C_T = 6.18\times 10^{-2} GeV - meter^{1/4} - watt^{-1/6}$$

전이 에너지는 링의 중요한 모든 매개 변수와 매우 천천히 변한다는 것을 알게될 것이다.

전이 에너지 E_T 아래에서 휘도는 E^3으로 변화한다. (첫번째 멱은 빔 높이에서 기인한다. 두 번째 멱은, 고정된 전류 밀도 한계에 대해 허용된 전류의 대응하는 증가로 부터 그리고 세 번째 멱은, 에너지에 대한 한계 전류 밀도의 선형적인 증가로 부터). E_T 위에서 에너지 의존성은 $1/E^3$이다. (전류는 $1/E^4$로 변화하지만 E의 1승은 에너지에 대한 면적의 허용된 선형적인 감소로 보상된다.)

저 에너지 영역에서 휘도는 충돌각 δ_H에 비례하면서 저장링 반경 R_n 및 유용한 고주파 전력 P_0와는 무관하다 - 저 에너지 영역의 상한 경계를 설정하는 E_T는 고주파 전력에 의존할지라도 반면에. 고 에너지에서 휘도는 P_0와 R_n에 비례하지만 δ_H와는 무관하다. 이러한 의존성 부족은 빔 크기가 항상 한계 전류 밀도에 도달하도록 조정되기 때문에 발생한다. δ_H의 선정은 다른 매개 변수 선택에 결합되지 않는다. (그러나 교차 영역 레이아웃에 의해 부과된 기하학적 제약들에 의해 결정될것이다.) 고주파 파워 P_0는 파워를 흡수해야하는 진공 시스템의 자체 비용 및 관련 비용 모두를 위해 비용이 든다. 또한 R_n과 관련된 비용이 있으며 이것은 대략 비례하거나 더 크다. (주어진 λ_n, ν_n 및 에너지에 대해서, 자기장이 증가할지라도 자석의 구경은 R_n과 함께 증가해야하며 ; 케이블링 및 진공 시스템은 R_n과 함께 증가하고 실지 비용은 R_n^2으로 증가한다.)

ν_n에 대한 의존성은 휘도가 $\nu_n^{-3/2}$이 될 때 단지 저에너지 영역에서만 나타난다. 이것은 저에너지 영역에 대한 분석에 가능한 비판을 지적하기에 좋을 것이다. 가능한 최

대 빔 면적을 얻을 때 ν_n은 상수로 유지된다고 가정했다. ν_n이 빔 크기를 더 증가시키기 위해 "조정" 되어야 한다고 논의 할 수 있다. 즉, ν_n은 어떤 다른 한계가 도달 될 때까지 낮추어야 한다. 원칙적으로 $-\nu_n$을 감소함으로써 - 빔이 구경 한계들에 의해 손실 될 때까지 빔 크기를 늘릴 수 있다. 이런 운전 방식은 저 에너지들에서 다른 에너지 의존성을 가져올 것이다.

그러나 ν_n에는 다른 제약들이 있다. 공명도에서 상대적으로 좋은 운전점이 거의 없다. 따라서 ν_n의 선택은 이산 집합이며, 연속적으로 조정 가능한 매개 변수로써 취급하는 것은 적당하게 나타나지 않는다. 아마도 더 중요한 것은, 구성 요소의 주어진 형태에 대해 일반적으로 ν_n을 변화시키고, 긴 직선 구간으로 적절한 매칭 조건들을 유지하는 것은 가능하지 않다는 것이다. 그때 ν_n에서 어떤 변화는 β_V의 어떤 관련된 변화를 가져올 것이라고 기대할 것이다. (이 점은 아래에서 더 고려된다.) 전체적으로, 여기서 한 분석은 실제로 저 에너지 운전을 위해 ν_n의 몇 가지 대안을 선택할 가능성을 고려할 수 있을지라도 너무 부적절한 것처럼 보이지는 않는다

ν_n의 상수 값을 가정하고서, 설계 값의 선택에 영향을 미치는 주요 고려사항은 비용이다. 모든 자석들의 구경 요구조건은 ν_n에 관련된다. 여기서 행한 가정들로, ν_n은 최대 설계 에너지에서 유용한 수평 구경 및 빔이 최대 높이를 가질 때 수용해야하는 수직 구경에 요구조건을 부과한다 - E_T 근처에서 발생하는.

모든 에너지에서, 일반적으로 선택의 자유도가 거의 없는 신장 인자 λ_n에 대한 상대적으로 약한 의존성이 있다. 고조파 수는 최적의 휘도 함수에서 명확히 나타나지 않는다.

저 에너지와 고 에너지 모두에서 휘도는 β_V에 상대적으로 강한 역 의존성을 갖는다. β_V는 항상 가능한 작게끔 만들어져야 할 것 같다. 가장 적은 실제 값은 다양한 인자들에 의해 설정 될수 있다 : 상호 작용 영역에 걸친 β_z의 변화; 렌즈들에서의 수차; 사극자석 세기와 구경에서 실질적인 제한들 ; 상호작용에서 긴 자석이 없는 공간에 대한 요구. 최근 설계에서는 β_V를 약 0.05 미터 또는 약 β_n의 10^{-2} 정도로 작게 만드는 것이 가능해 보였다. 하지만 β_V에 가능한 고유한 제약의 정량적 성질과 다른 매개 변수와 관계는 현재로써 저자한테는 분명하지 않다.

전이 에너지에서 $\mathcal{L}_1$또는 $\mathcal{L}_2$를 평가하면 휘도 함수의 피크값 $\mathcal{L}_T$를 구할 수 있다.

$$\mathcal{L}_T = c_0 \frac{(R_n \delta_H P_0)^{1/2}}{\lambda_n^{1/2} \nu_n^{3/4} \beta_V^{5/4}} \tag{6.37}$$

$$c_0 = (\frac{\Delta \nu_0^2}{r_e mc^2})^2 \frac{1}{C_T^3} = 2.81 \times 10^{33} meter^{-1/4} - watt^{-1/2} - \sec^{-1}$$

두개의 에너지 영역들에서 최적의 휘도는 $\mathcal{L}_T$의 관점에서 편리하게 표현 될 수 있다.

$$\begin{aligned} \mathcal{L}_1 &= (\frac{E_0}{E_T})^3 \mathcal{L}_T \\ \mathcal{L}_2 &= (\frac{E_T}{E_0})^3 \mathcal{L}_T \end{aligned} \tag{6.38}$$

고 에너지 영역의 상한 값 E_L은 유효 상호 작용 면적이 더 이상 식 (6.8)을 만족시키기 위해 감소 될 수 없을 때 도달된다. 전류가 E_0^{-4}로 감소하고, 임계 전류 밀도가 E_0^{-1} 로써 감소 한다는 것을 상기하자. 상호 작용 면적은, E_T위에서는, E_0^{-5} 로써 감소해야 한다. 모델링에서 빔 면적에 대한 유일한 중요한 제어는 번치 수 B와 높이 h^*의 곱을 통해 할 수 있다. 그러므로 Bh^*은 고 에너지 영역을 통해 E_0^{-5}로 감소해야 한다. 빔 높이는 수직 및 지름 방향 진동 사이의 결합을 변화시킴으로 제어 될 수 있다고 가정해왔다. 달성 가능한 최소 커플링으로, 빔 높이는 최대 커플링에서 발생할 수 있는 높이보다 어떤 상수 계수 μ만큼 감소한다고 가정하자. 그때 최소 높이는 각 에너지에서 $\mu h_{\max}^*$이다. 이제 $h_{\max}^*$는 빔 에너지에 비례함을 상기하자.; 그래서 E_T에서 E_L까지 진행하는 동안 빔 높이는 $\mu E_L/E_T$ 인자 만큼 감소 될 수 있다. 마지막으로 번치 수 B는 사용 가능한 번치 위치들중 일부만을 채우면서 줄일 수 있다. E_T에서 k개의 모든 가능한 번치들은 채워질 수 있다. 최소 면적을 얻기 위해서는 단지 번치 하나만을 채워야 한다. 가능한 총 감소는 $\mu E_L/kE_T$이며 $(E_L/E_T)^{-5}$와 같아야 한다 - 해서 다음을 얻는다.

$$\frac{E_L}{E_T} = (\frac{\mu}{k})^{1/6} \tag{6.39}$$

아마도 μ는 약 0.02 정도이므로; 큰 고조파 수는 분명히 E_L이 E_T보다 훨씬 크게 된다면 필요로 된다.

유효면적에서 어떤 감소는 번치 길이를 감소함으로써 얻어 질 수 있으며 - 이것은

A_{max}를 유도할 때 가정한 고주파 전압을 증가함으로써 할 수 있는 것이다. 번치 길이는 전압의 제곱근으로 감소하지만 가장 높은 에너지에서 여분의 전압 용량은 거의 없으므로 이 절차를 통해 얻는 것은 많지 않다.

또 하나로 임계 전류 밀도는 수직 방향 튠 변이에 의한 것이라고 가정해 왔다. 이제 이 가정을 확인해야한다. β_V가 β_H보다 작으면 상호 작용 지점에서 빔의 높이가 항상 빔 폭보다 작을 것이다. 2.12절의 결과를 모델 저장링의 충돌 기하에 적용하고서 수직 방향에 수평 방향의 튠 변이 비율은 다음과 같다.

$$\frac{\Delta\nu_x}{\Delta\nu_z} = \frac{\beta_H}{\beta_V}\frac{h^*}{\ell\delta_H} \tag{6.40}$$

이 비율이 1을 초과하지 않으면 다음 조건을 갖게된다.

$$\frac{\beta_H}{\beta_V} \le \frac{\ell\delta_H}{h^*} \tag{6.41}$$

지금까지 β_H를 전혀 고려하지 않았다. 그러나 그것은 우리의 계산이 유효하기 위해서는 너무 커서는 않됨을 알고 있다. 우리의 저장링 모델에 대해서, 일반적으로 $l\delta_H$는 (k가 극단적으로 크지 않는 한) h^*보다 훨씬 클 것이므로 β_H에 대한 조건은 보통 만족하기에 어렵지 않을 것이다.

6.7 | SPEAR 프로젝트를 위한 휘도 함수

6.2절의 모델 저장링은 최근 스탠포드 선형 가속기 센터의 저장링 그룹이 제안한 설계와 매우 밀접하게 일치한다. 이 설계는 스탠포드 양전자 전자 비대칭 링인 SPEAR라고 불린다. (특수 직선 구간들이 다른 원형 자기장에서 대칭으로 배치되지 않기 때문에 개별 링들은 비대칭이다.) SPEAR에 제안된 주요한 파라미터는 다음과 같다.

$R_n = 34.3\ meters$ $\qquad$ $\lambda_n = 2.7$

$\nu_n = 3.2$ $\qquad$ $\beta_V = 0.05\ meters$

$\delta_H = 0.10$ $\qquad$ $P_0 = 5.5\times10^5\ watts$

이러한 파라미터로 식 (6.37)로 주어진 피크 휘도와 식 (6.36)로 부터 평가된 전이 에너지는 다음과 같다.

$$E_T = 1.19\,GeV$$

$$\mathcal{L}_T = 5.1 \times 10^{33}\ cm^{-2}\sec^{-1}$$

이러한 두 파라미터와 식 (6.38)을 사용해서 그림 6.2의 휘도 곡선을 얻었다.

SPEAR 설계에서 고주파 고조파 수 k는 36이어서 식 (6.35)로 부터 기대된 고에너지 영역의 상한은 약 3.2 GeV이며 - 이는 3 GeV인 링의 최대 설계 에너지 보다 높다. 저 에너지 영역에 대한 하한 영역에 대해서는 평가가 수행되지 않았다.

그림 6.3에 표시된 휘도에 도달하는데 필요한 저장된 빔 전류는 다소 높다. 고려되지 않은 어떤 영향이 최적의 휘도에 도달하는데 요구된 전류보다 아래로 전류를 제한하면 실현 가능한 휘도는 줄어들 것이다. 그림에서 점선으로 표시된 부분은, 상호 작용 영역이 여전히 최상의 휘도를 얻기 위해 조정될 수 있다면 임의로 지정된 전류로 얻을 수 있는 휘도를 나타낸다. 피크 휘도 $\mathcal{L}_T$를 얻으려면 40 암페어의 전류가 각 빔에 저장되어야함이 틀림없다. 이렇게 높은 빔 전류들이 실제로 전자-양전자 충돌 저장링에 저장 될 수 있는지는 아직 밝혀지지 않았다.

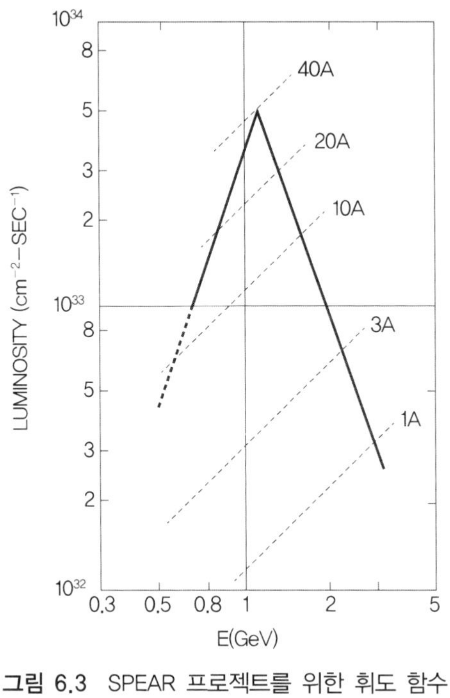

그림 6.3 SPEAR 프로젝트를 위한 휘도 함수

REFERENCES

F. Amman —et al., Lett. Nuovo Cimento 1, 729 (1969).

Storage ring status reports presented at the International School of Physics 'Enrico Fermi" (Varenna), June 15 - 30, 1969.

F. Amman and D. Ritson, Proceedings of the International Conference on High - Energy Accelerators, Brookhaven (1961)) p. 262.

E. Courant and H. Snyder, Ann. Phys. (N. Y.) 3, 1 (1958).

H. Bruck, Accelerateurs Circulaire de Particules (Press Universitaires de France, Paris, 1966).

"Proposal for a High - Energy Electron - Positron Colliding Beam Storage RW," Stanford University (1966).

M. Livingston and J. Blewett, Particle Accelerators (McGraw Hill, New York, 1962).

E. Courant, IEEE Trans. Nucl. Sci. NS - 12, No. 3, 550 (1965); M. Bassetti, Nota Interna, Lab. Naz. di Frascati, L.N.F. 62/35 (1962); and Proceedings of the Fifth International Conference on High Energy Accelerators (CNEN, Frascati, 19 - 65); p. 708.

J. Haissinski, Varenna (see Ref. 2) "Projet d'anneaux de collisions electron positron d'energie maximale 3 GeV a charge d'espace compensee, " Ecole Normale Superieure, Orsay (1969) .

C. Pellegrini, Lectures at the Varenna Summer School (see Ref. 2).

K. Steffen, Lectures at the Varenna Summer School (see Ref. 2).

K. Robinson, Phys. Rev. 111, 373 (1958).

J. Schwinger, Phys. Rev. 75, 1912 (1948).

M. Sands, Phys. Rev. 97, 470 (1955). 15. H. Kramers, Physica 2, 284 (1940).

그림설명

용어설명

A	저장된 빔의 횡단면적; 혹은 진동의 진폭
Aint	충돌 빔들의 유효면적
a	진동의 진폭; 진폭의 불변량
α	오프 - 에너지 궤도들의 시간 지연 (모멘텀 압축)
α_i	진동들의 감쇠 계수들 (1/τ); $i = x, z,$.
B	자기장 세기
β	베타 함수
c	빛의 속도
γ	정지 에너지 단위에서 에너지 (E/mc^2)
D	단위 면적당 전자수 (N/A); 혹은 에너지에 대한 방사의 변화율 (dU/dE)
δ	충돌빔들의 교차각도의 절반
E	전자 에너지
E_o	저장된 빔의 기준 에너지
ε	전기장 세기
e	전자의 전하량.
ϵ	에너지 편차 ($E - E_o$).
f	등시성 전자의 회전 주파수 (c/L; c/2πR).
$G(s)$	설계 궤도의 곡률함수 (1/ρ_s).
G_o	등자기장의 설계 궤도의 곡률 (G_o = 1/ρ_o)
$\xi(s)$	엔벨로프 함수 ($\sqrt{\beta}$)
$\eta(s)$	오프 - 에너지 함수
h	빔 높이
$h*$	교차점에 빔 높이
I	빔 전류 (Nef)
J_i	감쇠율의 분할수; $i = x, z, \epsilon$

$K(s)$	자기장의 집속함수
k	고주파 고조파수 (w_{rf}/w_r); 혹은 집속함수의 기준값의 편차 (Δk).
L	설계 궤도의 길이 $(2\pi R,\ c/f)$
l	궤적길이; 번치 길이
m	전자의 정지질량
N	빔에서 저장된 전자 수 (I/ef)
ν	베타트론 수
$\Delta\nu_o$	빔 - 빔 상호작용 파라미터
P	고주파 파워
p	전자 모멘텀
Q	양자 여기세기
q	고주파 과전압 $(e\,V/U_o)$
R	설계 궤도의 전체 반경 $(L=2\pi)$
r_e	고전적인 전자 반경 $(e^2/4\pi\epsilon_o mc^2)$
ρ_s	s 에서 설계궤도의 곡률반경 $[1/G(s)]$
ρ_o	등자기장에서 자기반경
s	방위각 (종축) 좌표
σ	분포의 표준편차
$T(\epsilon)$	주기
T_o	등시성 전자의 주기 (L/c)
t	실험실계 시간
τ	전자와 번치 중심사이의 시간 변위 (y/c)
τ_i	진동 모드의 감쇠 시상수 (i/α_i) ; $i=x, z,$.
$\phi(s)$	베타트론 진동들의 위상변수
$\Phi(\tau)$	종축진동들의 유사 포텐셜 에너지
$U(\epsilon)$	1회전당 방사에 의한 에너지 손실
u	방사된 양자의 에너지
$V(\tau)$	고주파 시스템의 유효 전압
w	빔 폭
w^*	충돌점에서 빔 폭
x	설계 궤도에서 수평방향 (지름방향) 변위
y	번치 중심에서 종축(방위각) 변위 $(c\tau)$
z	설계 궤도에서 수직 방향 변위
Ω	에너지 (종축) 진동들의 각 주파수
w_r	회전 각 주파수 $(2\pi/T_o)$
w_β	베타트론 진동의 각 주파수 (νw_r)

전자 가속기 물리학

초판 발행 | 2018년 08월 25일
2쇄 발행 | 2021년 11월 15일

지은이 | MATTHEW SANDS
옮긴이 | 김은산
펴낸이 | 조승식
펴낸곳 | (주)도서출판 북스힐

등 록 | 1998년 7월 28일 제22-457호
주 소 | 서울시 강북구 한천로 153길 17
전 화 | (02) 994-0071
팩 스 | (02) 994-0073

홈페이지 | www.bookshill.com
이메일 | bookshill@bookshill.com

정가 18,000원

ISBN 979-11-5971-155-8

Published by bookshill, Inc. Printed in Korea.